AF369893

MANUEL POPULAIRE

DE

DRAINAGE

PAR **A. VITARD**,

SUIVI

DES RÉSULTATS D'UNE ENQUÊTE SUR LE DRAINAGE

DANS L'OISE.

QUATRIÈME ÉDITION,

AUGMENTÉE DE CONSIDÉRATIONS SUR : 1º LES TUYAUX A SOUPAPE ;
2º LE VENTOUSAGE ET LE ROLE QUE JOUE L'AIR, DANS LES TERRES
DRAINÉES ; 3º LES MOYENS DE PRÉVENIR LES ENGORGEMENTS
DES TUYAUX ET DE LES NETTOYER ; 4º LES EFFETS DU
DRAINAGE, A PROPOS DES DERNIÈRES INONDATIONS ;

AVEC GRAVURES DANS LE TEXTE ET PLANCHES LITHOGRAPHIÉES.

PARIS,

Vᵉ BOUCHARD-HUZARD,
ÉDITEUR,
Rue de l'Eperon-St-André, 5.

EUGÈNE MARIE,
LIBRAIRIE AGRICOLE,
Rue Jacob, 26.

BEAUVAIS,

BALTAZARD, LIBRAIRE-PAPETIER, RUE DE LA HARPE,

*Et dans toutes les Librairies agricoles de Paris
et du département de l'Oise.*

—

1856.

A MON PÈRE,

l'humble Cultivateur du Vrélot;

A MADAME PAULINE LE TELLIER,

NÉE BURET,

Hommage d'affection.

A MESSIEURS,

A. DE DALMAS, Sous-Chef du Cabinet de l'Empereur;
Baron DE JACQUEMONT, Sénateur du Royaume de Sardaigne;
L'Abbé HOROY, Professeur à Saint-Lucien, près Beauvais;
PERRON, Chef de Division à la Préfecture de l'Oise;
PERROT, Professeur de Rhétorique à Hagueneau;
DE RIANCEY (Henry), Rédacteur de l'*Union;*
DE SAINT-GERMAIN LE DUC, Rédacteur de l'*Illustration;*
VALSERRES, Rédacteur du *Constitutionnel;*
VICAIRE, Administrateur général des Domaines de la Couronne;

HOMMAGE DE VIVE ET SINCÈRE GRATITUDE.

Août 1856.

A. VITARD.

INTRODUCTION.

Si, aujourd'hui, la cause du drainage est gagnée ; si, nul ne doute, excepté quelques personnes atteintes d'un septicisme incurable ; si, l'Empereur, qui a arboré le drapeau du progrès agricole, en le mariant avec les lauriers de la victoire et les palmes de la paix, s'est montré le partisan le plus convaincu de l'efficacité du drainage, si la France doit conserver longtemps le souvenir des actes de haute importance dont l'initiative appartient à son Gouvernement, l'auteur ne doit pas oublier que, dès le mois d'août 1851, l'Administration et les Conseils électifs du département de l'Oise, ont montré les plus vives sympathies pour ce système d'assainissement qui sauvera le monde.

Plein de confiance, dans l'avenir du drainage, l'auteur, qui s'en était occupé dans la Manche, dans les derniers mois de 1838, s'exprimait ainsi dans son traité de 1851 :

« *Je ne sais quel sera, dans l'avenir, le résultat des*
» *efforts que je tente, en vue de propager ce système*
» *d'assainissement ; mais il y a une foi telle en moi, que*
» *je consacrerai tous les instants dont il me sera permis*
» *de disposer, pour populariser les méthodes que j'ai pu*
» *juger et qui ont parfaitement réussi, jusqu'à présent.*

» *Persuadé que je n'atteindrais le but que je pour-*
» *suis, qu'en provoquant la formation d'une Société de*
» *Drainage, j'ai préparé un projet d'association, que*
» *j'ai dû soumettre à l'examen de M. le Préfet de l'Oise,*
» *sous les ordres duquel je me trouve placé.*

» *Ce magistrat m'ayant autorisé à faire les démarches*
» *nécessaires, je m'adresserai à toutes les personnes que*
» *je suis dans une position à pouvoir disposer d'une cer-*
» *taine somme, et à même d'apprécier les conséquences*
» *que doit avoir, dans notre pays, cette importante opé-*
» *ration.* »

Les démarches que fit l'auteur, furent généralement bien accueillies, et, en quelques semaines, il trouva plus de vingt mille francs de souscriptions *sans condition.* En d'autres termes, la plupart des souscripteurs entendaient faire un don gratuit, en vue d'aider à la propagation du drainage et de donner les moyens d'occuper les ouvriers qui pourraient se trouver sans travail, pendant l'hiver 1851-1852.

Mais, nul ne peut dire que l'Association, formée en vue d'atteindre ce double résultat, eût vu ses efforts couronnés de succès, si l'Administration et le Conseil général, ne les avaient puissamment secondés.

Aussi, l'auteur croit-il remplir un devoir, en faisant à chacun sa part, en donnant des preuves matérielles de la sympathie avec laquelle fut accueilli son projet.

Extrait des délibérations du Conseil d'arrondissement
du 4 août 1851.

Le Conseil verrait avec un grand intérêt la propagation de l'emploi du drainage dans l'arrondissement, et l'association proposée par M. Vitard, pour obtenir le résultat désiré.

Extrait du rapport de M. le Préfet, fait au Conseil général
de l'Oise, dans sa séance du 25 août 1851.

J'ai la satisfaction de vous annoncer qu'une société composée d'hommes honorables et mus par le seul désir du bien public, vient de se fonder à Beauvais, pour y encourager le *drainage* dans tout le département. Elle espère que vous lui viendrez en aide et que vous doterez le département de quelques machines à drainer qui seraient à l'usage de tous les arrondissements, et dont la société ne pourrait faire l'achat sur ses faibles ressources.

Conclusions du rapport fait au Conseil général, par M. de Tocqueville, sur le drainage, dans sa séance du 29 août 1851.

VOTE DE CE CONSEIL.

Pour se résumer, votre commission a l'honneur de vous proposer :

1° De concourir aux vues utiles de l'association agricole du drainage, en votant l'allocation de **2,400** fr. portée au budget pour l'acquisition de quatre machines à fabriquer les tuyaux de drainage, qui seraient distribuées dans chaque arrondissement ;

2° D'émettre le vœu que, par décision du Pouvoir législatif, les dispositions de la loi du 29 avril 1845, relatives à l'écoulement des eaux nuisibles, soient applicables au drainage.

Conformément aux conclusions de la quatrième commission, le Conseil vote au sous-chapitre XIX, art. 31, la somme de 2,400 fr., à titre de subvention, à la Société du drainage pour achats d'appareils ;

Et en outre, émet le vœu « que par décision du Pouvoir législatif, les dispositions de la loi du 29 avril 1845 soient applicables au drainage (1). »

Le Conseil vote l'insertion textuelle du rapport de M. de Tocqueville au procès-verbal.

Conformément au désir exprimé par la commission, M. le Président, sur l'invitation du Conseil, désigne

---

(1) Le Conseil général de l'Oise, est le premier qui se soit prononcé si catégoriquement, en faveur d'une loi protectrice. C'est un fait à citer à son honneur ; c'est une preuve de plus, de la constante sollicitude de cette Assemblée, pour les intérêts agricoles du département.

MM. Gérard et Hubert pour aller visiter les opérations de drainage entreprises à La Chapelle-aux-Pots.

Le Conseil accueille avec empressement la demande faite par M. le Président de pouvoir s'adjoindre aux deux commissaires.

Extrait du rapport fait au Conseil général, par M. de Tocqueville, dans la séance du 1er septembre 1851.

Messieurs ,

Vous m'avez fait l'honneur de me désigner, ainsi que l'honorable M. Gérard, pour aller visiter, en votre nom, les travaux de drainage qui s'exécutent chez M. Herbé, cultivateur très-intelligent, qui exploite la ferme de l'Huyère , commune de La Chapelle-aux-Pots.

Votre honorable Président a bien voulu s'adjoindre à nous, et nous étions accompagnés de M. Vitard , agent-voyer de l'arrondissement de Beauvais ; c'est le résultat de cette visite que je vous demande la permission de mettre sous vos yeux.

Les travaux entrepris par M. Herbé sont les premiers qui s'exécutent dans notre département sous la direction de l'Association agricole de drainage , en faveur de laquelle vous avez voté, dans une de vos dernières séances, une allocation de 2,400 fr.

L'étendue du terrain à drainer est de 50 hectares; la déclivité du sol , quoique variable, est partout très-sensible ; la couche arable, d'une quantité médiocre, présente une épaisseur de 30 à 40 centimètres environ et repose sur un sous-sol de glaise siliceuse, le terrain offre une résistance moyenne et ne paraît pas contenir de corps solides ; un large fossé qui se décharge lui-même dans la petite rivière d'Avelon reçoit toutes les eaux.

Il est donc difficile d'opérer dans des conditions plus favorables.

Le sol de la pièce où s'ouvrent, en ce moment, les tranchées , est couvert d'une prairie artificielle entièrement médiocre et qui abonde en plantes marécageuses dont les racines pénètrent à plus d'un mètre de profondeur.

Les ouvriers employés aux travaux appartiennent au pays, et quoique récemment initiés à des opérations délicates et variées, toutes nouvelles pour eux, ils s'en acquittent avec un perfectionnement qui témoigne chez eux d'une remarquable intelligence.

Nous avons constaté, Messieurs, que l'eau s'écoulait sans interruption dans le large fossé dont il a été parlé plus haut.

En résumé, le résultat de cette première opération nous a paru parfaitement satisfaisant de tous points; le succès le plus complet ne paraît pas douteux, et déjà les cultivateurs voisins expriment hautement l'intention de faire exécuter chez eux des travaux de drainage.

M. Lemaire ajoute qu'ils sont revenus avec le sentiment d'une opération ingénieuse, et qui, après tout, n'était pas mise en pratique.

Le Conseil décide que le rapport de M. de Tocqueville sera inséré au procès-verbal.

Une large part revient donc à l'Administration et aux Conseils électifs dans les succès que, le 6 juillet dernier, — jour du Concours agricole de Beauvais, — M. le Préfet a constatés en quelques mots que voici : *l'Association du drainage, Messieurs, a fait ses preuves, et il suffit de la citer.*

Cette Association, la seule qui ait fonctionné, jusqu'à ce jour, en France, reçut, en 1852, au Congrès de Valenciennes, un accueil bien flatteur. Voici en quels termes cette assemblée s'exprima :

« Le Congrès émet le vœu que le Gouvernement favorise par des encouragements, la formation de Sociétés
» de Drainage, qui, à l'exemple de celle de l'Oise, se-
» raient créées exclusivement en vue du progrès de
» l'agriculture. »

Depuis, le Gouvernement et le Conseil général, qui avaient fait, dès le début, un accueil si sympathique au projet de l'auteur, n'ont pas cessé d'accorder à l'Association des secours pécuniaires qui ont permis de tenter de *coûteuses expériences*, de distribuer des primes, d'accorder de nombreuses récompenses, de former d'habiles contre-maîtres, qui, missionnaires du progrès, sont allés dans l'Aisne, dans la Corrèze, dans l'Indre, dans la Haute-Vienne, dans le Morbihan, dans la Somme, porter le goût et enseigner la pratique du drainage.

Le but que s'était proposé l'auteur a donc été atteint. C'était la seule récompense qu'il pût ambitionner, eu égard aux idées admises, lesquelles permettent moins de voir les services rendus, que la position particulière des personnes, dont le nom, la famille, les relations sont généralement des considérations déterminantes quand il s'agit d'accorder des faveurs spéciales.

En dédiant la 3e édition de ce livre, à MM. Alloury, Barral, Gomard et Pommier, l'auteur n'a pas prétendu acquitter sa dette envers eux. Il conservera le souvenir de leurs paroles encourageantes, aussi longtemps qu'il vivra. Mais, d'autres, aussi, ont droit à ses remercîments et il tient à leur donner la preuve que, s'il perd la mémoire des offenses, il n'oublie pas la bienveillance qu'il a rencontrée chez bon nombre de personnes.

Il doit commencer par la commission qui fut chargée, en 1854, — le 2 février, — d'assister aux expériences de Noailles, et qui se montra si indulgente et si bienveillante pour lui.

Cette commission se composait de :

M. BERTRAND-GESLIN, délégué du Préfet et Président ;

MM. DE LA BOUGLISE, Directeur des Domaines,
    l'Abbé BARRAUD, Chanoine, Archéologue,
    DE SAINT-GERMAIN, Conseiller général,
    DE SALIS, Conseiller d'arrondissement,
    CONSTANTIN, Professeur d'histoire,
    PERROT, Professeur de rhétorique, Secrétaire.
                                          Membres;

Viennent ensuite les personnes qui, malgré l'attaque inqualifiable de juillet 1854, n'en ont pas moins accordé leur concours à l'auteur. Puis, ceux de ses collègues qui ont suivi cet exemple. On trouvera à la fin de cet ouvrage, le nom des unes et des autres.

A propos du concours des agents-voyers, l'auteur croit devoir citer, à l'appui de son opinion, les paroles prononcées par l'honorable M. Dumas, sénateur, qui présidait le Congrès de Valenciennes en 1852 :

« Vous aurez beaucoup de peine, disait cet illustre savant, à
» décider un jeune homme qui se destine aux fonctions d'ingé-
» nieur, à embrasser une carrière au bout de laquelle il voit in-
» tervenir des contrats d'argent entre lui et les cultivateurs. Les
» agents-voyers, les conducteurs des ponts-et-chaussées n'ont
» pas porté leur ambition aussi haut; ils sont mieux préparés à
» entrer pratiquement, loyalement dans cette carrière. Je crois
» que l'on réussira mieux avec eux, qu'avec les élèves de l'école
» polytechnique. »

Les agents-voyers comprendront aisément, après avoir lu cette déclaration, que l'auteur avait de puissantes raisons d'agir, quand il leur conseillait, en termes si pressants, d'entrer dans la voie que suivent depuis long-temps leurs camarades de l'Oise et notamment ceux de l'arrondissement de Beauvais.

L'auteur est heureux de constater que justice leur a été rendue, en différentes circonstances. Voici les preuves.

Au Congrès de Valenciennes dont il vient d'être question, l'honorable M. de Tocqueville, Vice-Président, s'exprimait ainsi :

« La Société de Drainage de l'Oise, a employé les agents-
» voyers de l'arrondissement de Beauvais, et elle s'en est bien
» trouvée. Je crois qu'il serait utile d'indiquer ces agents au
» Gouvernement.

Le 19 avril 1856, dans son rapport sur les opérations de drainage effectuées dans l'Oise, M. De La Bouglise, dont le dévoûment ne s'est pas démenti un seul instant, depuis cinq longues années, confirmait en ces termes, le fait annoncé en 1852, par M. de Tocqueville, notre inspecteur général du Nord-Est :

« Les résultats ont été le plus satisfaisants, et MM. les agents-
» voyers, par leurs lumières, par leur zèle et leur dévoûment, y
» ont pris une part bien large et bien légitime.
» A cet égard, on ne saurait leur avoir trop de reconnaissance,
» et pour mon propre compte, je me plais à leur rendre ce té-
» moignage. »

Le 6 juillet suivant, à l'occasion du Concours agricole de Beauvais, M. De La Bouglise renouvelait cette bienveillante déclaration, en y ajoutant des paroles bien flatteuses pour les agents du service vicinal de l'arrondissement de Beauvais, surtout, à quelques-uns desquels des encouragements ont été accordées, chaque année, depuis 1851, par les divers jurys qui ont été chargés d'apprécier leurs efforts, en vue de populariser le drainage.

MANUEL DE DRAINAGE.

Sans blé, pas de subsistances; or, les subsistances, dans un Etat, c'est tout. Ce n'est pas seulement la nourriture, c'est aussi la force, l'industrie, la défense, la tranquillité d'un pays.

Charles BEAUFRAND.
(Le Grain de Blé. — Musée des Familles.)

CHAPITRE Ier.

CONSIDÉRATIONS GÉNÉRALES SUR LE DRAINAGE.

L'eau, que l'on emploie avec intelligence et sans outrepasser les besoins de la végétation, produit toujours d'heureux résultats; l'eau, comme le dit M. Bosc, est, en quelque sorte, l'âme des plantes. Par sa présence, elle vivifie nos vallées en purifiant l'air, soit directement, soit indirectement. Mais, s'il est reconnu partout, que les irrigations bien entendues procurent d'immenses bénéfices à l'agriculture, il est également constant que l'abondance de l'eau appauvrit la terre, et qu'un système d'irrigation appliqué au hasard, peut produire des effets précisément contraires à ceux que l'on désire obtenir.

Quand on arrose, comme on le fait, dans la plupart de nos vallées, la terre délayée contracte, en partie, les défauts des terres marécageuses sur lesquelles on sait que peu de cultures prospèrent. Les plantes gorgées d'eau sont constituées dans un état de maladie, qui en fait périr un très grand nombre, altère la constitution des autres et, par suite, la nature de leurs produits.

On répond à cela, en citant des faits qui tendraient à prouver que, dans certains cas, des terrains très humides rapportent beaucoup plus que des terres saines.

Dans les terrains, par exemple, qu'on appelle les *Aires* de Beauvais, qui présentent tous les caractères des marais, où le niveau de l'eau est maintenu à une certaine hauteur, par de nombreuses rigoles formant limite séparative des propriétés, un hectare est évalué au prix de 10,000 fr. Assainies, ces terres ne se vendraient plus qu'à des conditions bien moins favorables.

Ce fait, qui paraît si concluant, ne prouve qu'une chose, c'est que nous jugeons presque toujours d'après les apparences. Les *Aires* poussent abondamment des légumes de toute nature, grâce à de fréquentes et abondantes fumures, et à une culture parfaitement soignée; mais les produits de ces terrains, *nourris à l'eau*, n'ont ni goût, ni saveur; ils ne sont, d'ailleurs, rien moins que nutritifs. Il y a quantité seulement, et, pour beaucoup de gens, quantité, c'est tout.

A Cherbourg, dans les anciennes *Mielles* (1), à Sur-

(1) Les **Mielles** sont des terrains situés sur le bord de la mer, dans les baies, en deçà du point où arrivent actuellement les eaux, même dans les plus grandes marées.

**Dans certains cas, ce sont, à proprement dire, des relais de tainville, commune du même arrondissement, et où se trouvent également des Mielles, terrains qui, comme on le sait, sont d'une nature tout autre que les marais qui bordent la plupart de nos principaux cours d'eau, on récolte des légumes d'excellente qualité et en grande quantité.

A Roscoff, ville située sur le bord de la mer, et renommée par la bonté de ses produits, les cultures maraîchaires se font dans le sable. A Montfarville, près Quettehou (Manche), les légumes, cultivés en pleine terre, sont d'une qualité au moins égale à celle des produits de Roscoff, et bien supérieurs à ceux des Aires de Beauvais. De tout cela, je conclus que ce n'est pas à l'humidité, que les Aires doivent leur valeur; qu'assainies, elles rapporteraient autant, et que consommateurs et producteurs se trouveraient bien de cette amélioration.

Mais si, employée sans discernement, l'eau courante amène de graves mécomptes, les eaux stagnantes occasionnent des pertes incalculables à l'agriculture, et donnent lieu, ainsi que nous l'avons déjà exposé, à des maladies qui laissent de pénibles souvenirs dans les agglomérations voisines des pays marécageux ou seulement humides, des vallées où le sol, trop peu accidenté, permet difficilement de se débarrasser de la surabondance des eaux qu'elles reçoivent de toutes parts.

J'ai indiqué tous les moyens propres à neutraliser les

mer. D'autres fois, ce sont des terres recouvertes successivement, par le travail des siècles, d'une certaine hauteur de sable provenant de l'immense quantité qu'amène le flot de chaque jour, sur le rivage.

effets pernicieux de la stagnation de l'eau dans les prairies ; mais, à cela ne se borne pas la tâche que je me suis imposée.

Si les vallées peuvent avoir à souffrir d'un excès d'humidité, les terrains ordinaires ne sont pas à l'abri de ce fâcheux inconvénient, et, sous ce rapport, la question, pour nous, offre une importance tout aussi grande que, considérée au point exclusif de la culture des prairies. Si nous devons nous préoccuper d'obtenir des terrains de nos vallées, des produits meilleurs et plus abondants ; si, au point de vue hygiénique, la question s'élargit, il n'importe pas moins, au pays, que les terres arables qui peuvent donner et céréales et plantes fourragères, en produisent beaucoup, et de bonne qualité.

Cela admis, nous avons à examiner quelles sont les difficultés à vaincre pour atteindre ce but, et quels sont les moyens de les aplanir. Il ne faut pas perdre de vue qu'il s'agit exclusivement d'assainissement.

L'excès d'humidité d'un terrain quelconque, est nuisible aux plantes, funeste à la santé de l'homme et à celle des animaux utiles.

L'humidité a pour effet certain, au dire de tous les savants qui ont traité la question au point de vue théorique, de produire des décompositions qui troublent l'économie végétale, *de pourrir les semences et les racines, en les déchaussant pendant les gelées, d'exciter la végétation des plantes nuisibles aux hommes et aux animaux, de dégager sous l'action des rayons solaires, des miasmes délétères, de compromettre la santé des êtres animés, en engendrant des maladies endémiques* qui ont été telles, à une certaine époque, qu'au moyen-âge, les populations, décimées par les fièvres qu'occasionne l'existence des marais où croupit l'eau, attribuaient ces maladies à un être imaginaire qui, croyait-on, répandait la désolation et la mort, dans certaines contrées, en y vomissant son venin.

Cet animal fantastique, disent les légendes, qui apparaissait d'abord sous la forme d'un petit lézard, acquérait, dans une seule nuit, des proportions effrayantes, et causait d'affreux ravages. A l'épreuve de la balle et du boulet, il ne venait à languir ou à périr, s'il ne quittait le pays, faute de nourriture, qu'au moment où l'on desséchait les marais voisins de son repaire. On lui avait donné le nom de Cocadrille.

La Cocadrille, décrite, dans l'*Illustration*, par un auteur bien connu, témoigne mieux que ne sauraient le faire toutes les discussions scientifiques auxquelles on s'est livré, depuis quelques années, en faveur des mesures qui ont pour effet d'assainir les terrains où les eaux restent stagnantes.

Celle de ces mesures dont nous nous occupons, c'est le *drainage*, mot anglais, qui comprend les opérations dont le but est de faciliter l'écoulement des eaux nuisibles qui pénètrent ou tendent à pénétrer le sol cultivable. Pour éviter des périphrases, on emploie le mot *drainer*, et *drain*. Le premier signifie *égoutter*; par le second, on entend la tranchée que l'on pratique pour assurer l'écoulement des eaux.

Nulle part, le drainage n'a été l'objet d'une plus grande sollicitude qu'en Angleterre. Depuis plus de soixante ans, on applique le drainage en Ecosse, et d'admirables résultats y ont été obtenus.

La Belgique a suivi l'exemple de l'Angleterre. La France est déjà entrée largement dans la même voie, grâce aux encouragements de l'Empereur et de quelques Préfets, parmi lesquels nous sommes heureux de citer M. Randouin, qui administre le département de l'Oise.

CHAPITRE II.

TERRES FROIDES, GRASSES, HUMIDES. — CAUSES, EFFETS DE CES DIFFÉRENTS ÉTATS DU SOUS-SOL.

La principale cause de la froideur des terres, est due, soit aux nappes d'eau souterraines qui se trouvent à une certaine profondeur, soit à l'eau des pluies dont la moitié seulement, évaluée à plus de 0,30 de hauteur, peut filtrer à travers un sol ordinaire, et qui reste en grande partie dans certains terrains où elle est retenue, soit par l'argile trop compacte, soit par des lits de glaises d'une faible épaisseur, soit par des sables glauconieux moyens ou supérieurs (1), soit enfin par des marnes vertes qui sont toujours fort humides et presqu'entièrement improductives.

(1) On appelle glauconieux les sables ayant une couleur verte plus ou moins prononcée. On les trouve dans le terrain tritonien ou tertiaire inférieur. Les sables de la glauconie crayeuse, subordonnés au système crétacé, c'est-à-dire, placés au-dessous, sont encore moins perméables. Toutes les terres qui les recouvrent, sont presque constamment dans un état d'humidité qui les rend peu fertiles; elles sont difficiles, d'ailleurs, à cultiver.

« Les dépôts diluviens, » dit M. Graves, aujourd'hui Directeur général des forêts, dans sa précieuse statistique du département de l'Oise, « plus argileux que sablon-
» neux, qui prennent quelquefois la consistance d'un
» sable gras, empêchent souvent l'infiltration des eaux
» pluviales, rendent les terres froides et nuisent à la sa-
» lubrité du pays,

» Dans certaines contrées, l'argile remaniée, de cou-
» leur fauve ou brune, empâtant des silex, est très-
» humide en hiver, très-sèche en été.

» Sont, dans le même cas, les terres labourables
» dont le sous-sol est un limon argileux, qui, recou-
» vrant la craie, emprunte, à cette base, ses éléments
» principaux. Quelquefois, ce limon repose lui-même
» sur des argiles très-compactes qui retiennent les eaux
» et rendent les labours très-difficiles.

» Dans celles, enfin, qui sont dépourvues de fond et
» de liaison, et qui sont mêlées de moëllons de nature
» siliceuse, la sécheresse est excessive en été, et l'humi-
» dité très-grande en hiver. »

Voici, à cet égard, l'opinion de M. Gallemand, émise en 1838, au comice de Valognes (Manche) : « L'humi-
» dité surabondante des terres, qui les rend infertiles et
» qui ne laisse pousser que des herbes sures, peut pro-
» venir, soit de sources existantes dans le fond du ter-
» rain, où les eaux s'amassent en venant de loin, et de
» terrains plus élevés sur un lit inférieur qui les retient,
» soit de la nature compacte et imperméable du sol su-
» perficiel lui-même ou du sous-sol voisin de la
« surface. »

Dans le premier cas, non-seulement la température

des terres qui avoisinent la nappe d'eau, se met en équilibre avec celle de l'eau, mais, par suite de la capillarité (1), les couches supérieures se trouvent chargées d'un excès d'humidité dont elles ne se débarrassent que par évaporation. L'effet de la capillarité étant permanent, l'eau évaporée est remplacée par celle qu'elle produit, de sorte que les terres restent constamment dans un état de fraîcheur qui nuit au progrès de la végétation ; et, chose bien remarquable, plus le temps est favorable pour les terres qui sont dans de bonnes conditions, plus ont à souffrir celles dans lesquelles existent des nappes d'eau souterraines. Tous les cultivateurs qui ont pu faire des observations sur l'effet que produisent les grandes chaleurs dans certains terrains, ont dû s'apercevoir que, bien souvent, des blés qui, à la fin de l'hiver, et même pendant une partie du printemps, donnaient de fort belles espérances, perdaient de leur force et de leur vigueur, aussitôt qu'arrivaient les beaux jours.

(1) Voici la signification de ce mot, qui n'est peut-être pas connu de tous ceux qui liront ce traité de drainage : il exprime simplement l'effet que l'on remarque dans les parois des fossés ou des talus des routes ou des chemins, après quelques heures de pluie. L'eau ne coule, dans le fond du fossé, que sur une hauteur de quelques centimètres, et cependant les terres sont humides à 0^m 40 et même à 0^m 50 au dessus du niveau de l'eau.

Cet effet, qui se produit dans l'intérieur de la terre comme dans les parois des talus, est exprimé par le mot capillarité.

M. Gossin, notre intelligent professeur d'agriculture, s'exprime ainsi, pour faire bien comprendre le phénomène de la capillarité : « De même que l'huile de la lampe monte à la mèche, » à mesure que la lumière la consume, de même l'humidité in- » térieure de la terre monte à la surface et s'y renouvelle. »

Les feuilles jaunissaient peu à peu, et vers la fin de juin, on reconnaissait qu'il n'était plus permis de compter sur une bonne récolte. Dans certains pays, on se borne à dire que les blés, qui se trouvent dans ce cas, *sont malades;* mais, on ne s'occupe pas de la cause de la maladie.

La cherté de 1854, est due à cette seule cause qui aurait produit des effets désastreux, si les pluies abondantes de la fin du printemps et du commencement de l'été, n'avaient cessé, dans le courant de juillet, pour faire place à une température exceptionnelle, malgré laquelle nos blés *rendent* généralement peu.

En Angleterre, au contraire, jamais on n'a vu une aussi belle récolte que celle de l'année dernière, au point de vue du rendement surtout.

Ce résultat heureux pour nos voisins, s'explique par la grande disproportion qui existe entre la surface des terrains drainés en Angleterre et celle où des essais ont été appliqués en France, sur une échelle plus ou moins étendue.

Dans les terrains non drainés, qui étaient d'une nature grasse ou forte, et, par conséquent froide, la température si belle, si favorable, de la fin de juillet et de tout le reste de l'été, a contrebalancé la fâcheuse influence de l'état du sol et de l'état maladif de beaucoup de blés; mais, le *principe morbide* n'a pas complétement disparu; aussi, le prix des céréales n'a-t-il pas baissé comme on l'espérait. Que ce nouvel exemple du danger que peut faire naître une mauvaise année, ne soit pas perdu; c'est là ce que je désire.

Revenons aux symptômes des maladies occasionnées par l'humidité.

1.

Toutes les fois que les feuilles jaunissent, on peut dire, à coup sûr, que le sol est saturé d'humidité à une certaine profondeur, c'est-à-dire, fortement imprégné d'eau.

Dans l'autre cas, c'est-à-dire quand le sol est très-compacte, les terrains qui reçoivent annuellement de 0,55 à 0,65 de hauteur d'eau, ne peuvent s'en débarrasser non plus que par évaporation (1). Il suffit, pour se rendre compte de l'effet qui se produit, de remarquer ce qui arrive dans les chaleurs estivales pour les mares pratiquées dans la plupart de nos villages, où le niveau de l'eau s'abaisse d'autant plus vite que la température est plus élevée.

Il en est de même pour l'eau que contient la terre. Elle n'est pas visible; elle peut se trouver en plus ou moins grande quantité; mais, pour s'assurer qu'il en existe un peu partout, on n'a qu'à placer un ou plusieurs fragments d'une terre quelconque, près d'un grand feu, on verra immédiatement se former des vapeurs plus ou moins épaisses qui ne disparaîtront qu'au moment où il n'y aura plus d'eau.

Si, de ces fragments exposés au feu, on a pu faire des solides plus ou moins réguliers, on y remarquera d'abord des fendillements et puis des crevasses qui indi-

___

(1) L'évaporation est l'effet que produit la chaleur sur les corps humides. Le linge mouillé sèche, parce que la chaleur atmosphérique absorbe, en la volatilisant, l'humidité dont il est imprégné; c'est de l'évaporation. Les terres, les toits en chaume, fument après une forte ondée, à une époque de l'année où les rayons solaires ont quelque force : c'est encore de l'évaporation.

queront assez exactement le degré d'humidité de la
terre, que l'on évaluera d'ailleurs très-aisément, en pesant, avant et après l'opération, les fragments dont il
vient d'être parlé.

Cet effet, facile à constater, se produit en grand,
dans les terrains humides. Il ne peut exister d'incertitude sur la cause à laquelle on doit l'attribuer, et, tant
qu'il dure, la température ne s'élevant que très-diffici-
lement, la végétation n'a aucun stimulant énergique.

Si, au contraire, il n'y avait pas de nappes souterraines, si les eaux pluviales pouvaient s'écouler en entier, tous les inconvénients que nous avons signalés dis-
paraîtraient, la chaleur atmosphérique élèverait la température du sol et favoriserait le développement des racines, et, par suite, celui de la partie extérieure des
plantes.

On pense généralement que si les terres ne sont que
fortes ou *grasses*, si on ne voit pas de *flaques* d'eau après
quelques jours de pluie, elles ne gagnent rien à être
drainées ; que, par conséquent, leur appliquer le système
que nous recommandons, ce serait faire une dépense en
pure perte. C'est là un raisonnement que nous devons
combattre, parce qu'il conduit à une conclusion contraire
à la vérité.

Toute terre *forte* ou *grasse* est une terre froide. Or,
comme toute terre froide produit moins qu'un sol qui
peut profiter de la chaleur de l'atmosphère ; comme, en
outre, elle est difficile à cultiver, il est important d'agir
en vue de lui permettre de mieux se prêter à la culture
et de donner des récoltes plus abondantes. Pour atteindre
ce but, il suffit de la drainer.

Si, à certaines époques de l'année, on fouille ce terrain, avant l'opération, ce qui est toujours indispensable, on pourra bien ne pas trouver d'eau dans les tranchées que l'on ouvrira ; on pourra même drainer toute la pièce sans qu'il coule une goutte d'eau, dans les tuyaux, pendant la durée de l'opération. Mais, de compacte qu'elle était, la terre deviendra meuble ; de lourde, elle deviendra légère et facile à labourer. L'eau de pluie, si riche en matières fertilisantes, la traversera sans peine. L'air circulera dans toutes les parties où pourront pénétrer les racines qui, dès lors, profiteront très-certainement, ainsi que nous l'avons déjà dit, de l'influence des rayons solaires, et même de la chaleur ambiante.

Les crevasses qui se forment à la surface du sol, quand viennent les chaleurs, dénotent un grand besoin de drainage. C'est un indice qui appelle toute l'attention du cultivateur désireux de ne pas voir ses travaux pénibles sans résultat.

CHAPITRE III.

AVANTAGES ET RÉSULTATS DU DRAINAGE ; SIGNES AUXQUELS ON RECONNAIT QU'IL EST NÉCESSAIRE DE L'APPLIQUER.

On a constaté que, dans les circonstances ordinaires, la dépense totale qu'exige le drainage, est couverte par l'accroissement du produit net d'une seule récolte. De nombreux faits nous permettent d'affirmer que ces résultats seront obtenus souvent, surtout si l'on emploie ensuite la charrue fouilleuse, complément indispensable de toute opération de drainage, dans les terres à sous-sol imperméable. Nous avons pu nous en assurer, chez M. Adam, à Flambermont; chez M. de Saint-Germain, au Becquet; à Bresles, au Pont-Rouge, dans une pièce exploitée par la Compagnie agricole et sucrière; chez M. le duc de Mouchy, à Noailles, à l'Etang et aux Glaises; chez M. Herbé, à L'Huyère; chez M. Michel-Walon, au bois de Cailly; à Chamans, près Senlis, chez M. Lefèvre; enfin, à Verneuil, chez M. Frémy.

Dans les Glaises, on ne pouvait labourer qu'avec la plus grande difficulté, et dans les années les plus favorables, les récoltes y étaient généralement nulles, c'est-à-dire que les produits n'avaient pas une valeur égale à la dépense. Le fermier nous a déclaré que, dans l'espace de trente-deux ans, il n'a réussi complétement que deux fois dans ses labours. Après le drainage, ils n'ont présenté aucune difficulté.

A l'Etang, la terre était couverte d'eau; depuis de longues années, le sol n'avait rien produit. Le drainage a été terminé au mois de juin 1853, et, sur nos sollicitations, M. Pelletier y a semé des betteraves qui sont devenues fort belles.

Au Becquet, chez M. de Saint-Germain, un ravin fangeux, au milieu duquel se trouvait un large fossé, est aujourd'hui un excellent terrain cultivable.

Dans une portion d'herbage où les pommiers s'étiolaient, où il y avait des joncs en grande quantité, on a remarqué un changement presque immédiat dans la couleur des feuilles de ces mêmes pommiers qui ont semblé recevoir une seconde vie; les pommes y étaient plus grosses qu'ailleurs, et les joncs ont notablement diminué.

A Flambermont, chez M. Adam, la valeur de la récolte en blé, obtenue en 1853, était supérieure au prix que l'on aurait offert de la terre, avant le drainage.

Au bois de Cailly, enfin, il y a une telle différence entre le terrain drainé et celui qui ne l'a pas encore été, que l'un de nos sous-inspecteurs, M. Lefort, maire de Puiseux-en-Bray, surpris de l'effet produit, disait à la commission chargée, par M. le préfet, de constater les effets du drainage : « Il est évident que cette portion de » terrain, — la partie assainie, — a été abondamment » fumée. » Il n'en était rien cependant.

On dit, pour repousser le reproche adressé à la plupart de nos agriculteurs, que, si, en Belgique, en Ecosse et en Irlande, le drainage produit quelques résultats, il n'y a pas à s'en étonner, parce que le sol de ces différents pays est, presque partout, d'une humidité excessive; on ajoute qu'en France, il n'en sera jamais ainsi, par la raison que le terrain est communément dans de très-bonnes conditions, sous le rapport de l'état du sol.

Il est hors de doute, qu'en général nos terrains sont plus secs que ceux d'une partie des Iles-Britanniques, et même de la Belgique; mais, est-ce à dire que les mesures d'assainissement sont inutiles, ou qu'elles seraient peu profitables en France? Si on en tirait cette conséquence, on serait dans une étrange erreur.

Si le drainage ne doit pas être d'une application aussi générale, dans notre pays, qu'en Ecosse, par exemple, où cette mesure est pratiquée sur une grande échelle, les assèchements (1) et le drainage tripleront notre richesse agricole, en nous donnant à la fois les moyens de sortir des ornières du passé, et d'offrir un vif stimulant à toutes les intelligences qui ne se dirigeraient plus exclusivement vers les carrières libérales ou administratives, encombrées à tel point, que bien des jeunes gens parviennent difficilement à se faire une position convenable.

Nous aurions, en outre, je ne cesserai de le répéter, les moyens d'occuper un grand nombre de bras, précisément dans la saison où les travaux manquent, de refouler, dans les campagnes, les ouvriers qui encombrent les villes, où les exemples de démoralisation sont plus fréquents que partout ailleurs

Ce sont là des considérations puissantes et qui doivent suffire pour déterminer tous les hommes de bien, à marcher dans une voie qui conduirait certainement à de tels résultats ; mais, il y a encore autre chose, puisqu'en obtenant ces succès, on augmente considérablement la richesse agricole du pays.

Nous avons fourni, déjà, quelques indices de nature à faire reconnaître quels sont les terrains où le drainage est applicable ; mais il y en a d'autres que l'on doit consulter avec soin. Les plantes, par exemple, offrent un moyen certain d'apprécier la nature d'une terre quelconque.

---

(1) L'assèchement est l'opération par laquelle on fait disparaître l'eau qui couvre, en tout temps, les marais ; l'assainissement, celle par laquelle on enlève aux terres, l'excès d'humidité qui les rend infertiles.

Dans les terres en labour, la présence du muscari, du pas-d'âne, de l'arrête-bœuf, de la sauge (1), de la sanve blanche, de la queue de renard, de la traînasse ou cochonette (2), de l'ornithogale, de la renouée, de la matrice ou camomille, de la persicaire, de l'agrostis ou épi de vent, est une preuve de l'imperméabilité du sous-sol (3).

Les renouées, les prêles, les cochonettes, les menthes ou baume sauvage, les narcisses, dénotent toujours l'existence d'une nappe d'eau souterraine peu ou très abondante, ou, du moins, indiquent que le sous-sol est saturé d'eau. Dans les prairies, les laiches de toute espèce, les scrophulaires ou bétoines d'eau, les iris-pseudo-acorus ou glayeuls des marais, les joncs, les renoncules âcres ou grenouillettes, les rhinantes ou crêtes-de-coq, le colchique d'automne ou tue-chien, les choins, les scirpes, le souchet, la linaigrette et l'orchis-latifolia,

(1) Terres marneuses, fortes, grasses.

(2) Terrain silico-argileux, c'est-à-dire où la silice domine.

(3) Le mot *imperméable* peut n'être pas familier aux jeunes gens, aux cultivateurs, auxquels je m'adresse plus particulièrement. On l'emploie pour désigner un terrain que les eaux ne peuvent traverser que difficilement. On a dit que certaines argiles opposaient un obstacle insurmontable à l'infiltration de l'eau. C'est une erreur : l'argile absorbe, au contraire, plus d'eau que les autres matières minérales. Elle ne devient imperméable que lorsqu'elle se trouve saturée d'humidité, et, pour qu'il en soit ainsi, il faut qu'elle ait déjà absorbé une quantité d'eau qui peut être égale en volume à la masse rendue imperméable et en poids, à 53 pour 100 de cette masse.

ou à larges feuilles, ne laissent aucun doute sur la nécessité du drainage, et d'un drainage aussi profond que possible.

Les racines des joncs, descendant à plus d'un mètre, si on n'abaisse pas suffisamment la nappe d'eau, qui les nourrit, ils seront peut-être moins abondants, mais ils ne disparaîtront pas complètement.

« Les sables à sol mince ou à sous-sol imperméable, » dit M. Lefort, inspecteur-général de l'agriculture, « sont très-ingrats ; trop sèches l'été, se gonflant et » déchaussant par la gelée, tombant en bouillie au dé- » gel, telles sont certaines terres de nos contrées, où » le bois même n'a aucune chance de succès. » Ces faits, que tous les cultivateurs ont pu remarquer, ne permettent pas d'hésiter un seul instant sur le parti à prendre, dans les terrains semblables, si on veut en obtenir de bons produits.

Nous avons trouvé, chez M. de Chezelles, près de son château de Faillouël, des sables de la glauconie moyenne et inférieure, très-humides, superposés, à une puissante couche de calcaire. Celle du sable n'a pas moins de 7 à 8^m, et cependant, à 1^m 30, l'eau qui arrive dans les trous de sonde, claire et limpide, y séjourne comme dans les argiles des lignites, qui existent dans les environs.

Le drainage de ces sables a présenté de grandes difficultés. De nombreux éboulements ont eu lieu. Il a fallu, d'ailleurs, placer de la paille d'avoine dans le fond des drains et sur les tuyaux, afin d'empêcher des engorgements.

CHAPITRE IV.

ÉTUDES PRÉLIMINAIRES DU TERRAIN. — EXAMEN DES CONSIDÉRATIONS QUI DOIVENT GUIDER L'AUTEUR D'UN PROJET. — DISCUSSION DE QUELQUES EFFETS CONSTATÉS PAR LES DRAINEURS, CONTESTÉS PAR QUELQUES PERSONNES.

Avant d'effectuer le drainage, il y a une étude sérieuse à faire. Il faut, d'abord, s'assurer de la nature du sol et, ensuite, des moyens de procurer un libre cours aux eaux que l'on désire évacuer. Il serait peut-être difficile de trouver, en Europe, deux hectares de terrain qui fussent exactement de même nature : il n'est donc possible d'établir de régles fixes, ni sous le rapport de la profondeur des tranchées, ni sous le rapport des distances à ménager entre elles, ni au point de vue de la pente à racheter.

On a prétendu que, dans les terres très-compactes, il fallait creuser les drains à peu de profondeur; on donnait pour raison la difficulté que doivent éprouver les eaux à traverser surtout les terrains glaiseux, c'est-à-dire, les argiles grasses, onctueuses. On a également exprimé la crainte qu'un drainage profond rendît la terre trop sèche; quelques personnes ajoutent : Nos terres sont déjà brûlantes, qu'arriverait-il si on les drainait?

Eh bien! qu'on nous permette de le dire, c'est précisément dans les terres compactes qu'il faut aller à la plus grande profondeur ; c'est principalement aux terrains brûlants qu'il faut appliquer le drainage.

M. de Vigneral, qui avait vu couler l'eau dans les drains creusés dans des glaises, à une grande profondeur, disait : « Je ne sais pas comment cela se fait ; ce » que je puis affirmer, c'est que le résultat se produit. »

A Frières, chez M. de Chezelles, nous avons pratiqué des sondes dans un terrain dont le sous-sol était composé d'argile plastique, que l'on appelle *glaise*. A une profondeur de 1^m, nous trouvions bien des traces évidentes d'humidité, mais il n'y avait pas d'*eau claire*. A $1^m 40$, l'eau suintait des parois pendant la fouille ; six heures après, il y avait plusieurs centimètres d'eau dans le fond de l'excavation. Donc, il faut aller dans les terres glaiseuses, à une assez grande profondeur, si l'on veut obtenir des résultats. Donc, aussi, l'eau traverse facilement cette nature de terre.

Retenue dans la terre, par les parties d'argile mêlées de silice très-serrées entre elles, l'eau reste forcément sans mouvement aucun. Mais si cette argile se trouve moins serrée sur un certain point, l'eau que contient le terrain adjacent, et qui n'est plus tenue en équilibre, suit nécessairement les lois de la pesanteur. L'air s'y substitue immédiatement pour céder la place, à son tour, aux gouttelettes de liquide qui se forment plus ou moins lentement, selon la nature du terrain, par suite de l'attraction moléculaire (1). Les talus qui *pleurent* le

(1) Deux gouttes d'eau placées à peu de distance l'une de l'autre, se rapprochent et se réunissent ; un corps abandonné à lui-même se meut en approchant de la terre. La cause qui produit ces effets, s'appelle attraction. Quand elle n'agit qu'à une petite distance, on l'appelle attraction moléculaire.

long des routes ouvertes dans des terres glaiseuses, nous donnent une idée bien nette de l'effet du drainage, dans ce cas particulier surtout. Comme l'eau ne peut pas toujours être remplacée au fur et à mesure qu'elle est évacuée, l'air finit par occuper tous les vides qu'elle laisse et dans lesquels elle était contenue. La terre, dès lors, commence à *respirer*, si je puis m'exprimer ainsi, et peut profiter des influences favorables de l'atmosphère.

De proche en proche, le phénomène d'une transformation heureuse s'opère, de chaque côté du drain, jusqu'au point de partage des eaux.

Voilà l'effet vertical, ou de haut en bas ; celui qui se produit de bas en haut, contribue aussi, d'une manière très-efficace, aux résultats constatés par tous les draineurs pratiques.

En effet, l'air qui s'introduit dans les collecteurs en quantité d'autant plus grande que le volume d'eau est plus petit, circule dans tous les drains, agit sur les parties du sous-sol qui avoisinent les tuyaux et en déterminent le fendillement, de telle sorte que des fissures se forment de bas en haut, en même temps que de haut en bas ; mais, ce double effet n'est pas le seul qu'il y ait à signaler : un autre se produit horizontalement.

Avant le drainage, les eaux de pluie se trouvant retenues à peu de distance de la surface, la couche arable superposée à la glaise, c'est-à-dire, placée au-dessus, passe à un état tel, après quelques jours de mauvais temps, qu'elle semble participer de la nature de la boue.

Elle peut rester ainsi pendant tout l'hiver, pendant même une partie du printemps ; puis, dans les beaux jours d'été, devenir brûlante, se crevasser et s'opposer à toutes les améliorations possibles. Après le drainage, les couches subordonnées à l'humus, à la terre végétale, c'est-à-dire, placées immédiatement en dessous, ne changent pas sur le champ de nature ; mais, les eaux de pluie trouvant un écoulement facile dans les drains pratiqués çà et là, ne restent plus stagnantes, inertes ; l'air peut arriver à la surface de la glaise, amener un délitement, des fendillements, et préparer une couche d'une épaiseur aussi mince qu'on voudra le supposer, à donner passage aux eaux de pluie. Ce résultat, obtenu sur un millimètre de profondeur, en détermine nécessairement un autre de même nature, et le double effet vertical, se combinant avec l'effet horizontal, la glaise la plus compacte devient un terrain assez meuble pour permettre aux racines des céréales, des plantes fourragères, de tracer plus profondément et de donner de la force aux parties extérieures.

La plupart des partisans de tranchées peu profondes, prétendent que le drainage à $1^m 30$, rend la terre trop sèche. C'est une erreur ; la végétation n'est brûlée qu'en égard à ce que les racines sont superficielles, et elles ne sont superficielles que parce que la végétation est neutralisée par l'effet des eaux stagnantes qui produisent le froid. Or, comme les drains profonds enlèvent l'eau, et, par conséquent, le froid, c'est-à-dire, la cause et l'effet, les racines, pouvant pénétrer plus profondément dans les terres drainées, ne seront jamais brûlées.

Quand il existe des nappes d'eau souterraines dans le sol, le drainage a pour effet, sinon d'évacuer complétement la masse d'eau qui les compose, du moins d'en abaisser le niveau de manière à ce que la capillarité, provoquée énergiquement par l'évaporation, dès les premiers beaux jours du printemps, ne refroidisse pas la température du sol, en raison directe de l'élévation de celle de l'atmosphère. Le moyen qu'on emploie, en Espagne et dans quelques parties du midi de la France, pour rafraîchir l'eau, dans les *Alcarazas*, explique l'action des grandes chaleurs sur les terrains perméables, sous lesquels existent des nappes d'eau souterraines. L'évaporation, comme on le sait, est accompagnée d'un abaissement de température, toutes les fois que le liquide sur lequel elle agit, ne reçoit pas de chaleur du dehors, par la raison qu'un liquide quelconque ne peut

passer et se maintenir à l'état aériforme (1), qu'en ab-
sorbant une certaine quantité de calorique (2). Dans l'espèce, le calorique qui doit entrer en combinaison, ne
pouvant être fourni pendant bien longtemps, par la terre
environnante, est nécessairement tiré de la masse du
liquide ; par conséquent, le froid produit par l'évaporation, est d'autant plus grand que le liquide vaporisé renferme moins de calorique, ou que la vapeur en absorbe
davantage. Or, les nappes d'eau souterraines contenant
fort peu de calorique, et les vapeurs produites par l'é-
vaporation, dans les grandes chaleurs de l'été, se trouvant absorbées à l'instant même et au fur et à mesure
qu'elle se forment, les pertes réitérées de calorique,
occasionnées par le renouvellement des vapeurs, refroidis-
sent les eaux que renferme le sous-sol, au point, comme
nous l'avons déjà dit, de causer des pertes considérables, en trompant l'espoir du cultivateur qui croit vaine-
ment, pendant quelques mois, pouvoir compter sur de
bonnes récoltes.

Il n'y a pas à craindre, je le répète, que le drainage,
le plus profond, rende la terre trop sèche, puisqu'elle
doit avoir, pour la partie inférieure, l'humidité qui pro-
vient de l'effet capillaire, et que, dans la partie supérieure, l'action du soleil ne peut offrir aucun inconvénient, par la raison que si une terre se durcit, ce résultat n'est dû qu'au retrait des parties qui la composent, retrait occasionné par l'évaporation de l'eau
qu'elle contenait. Or, s'il ne reste qu'une petite quantité
d'eau, la terre ne durcit pas d'une manière sensible ; s'il
n'existe pas de nappes souterraines dans le sol, la question se simplifie, la terre ne peut pas durcir ; elle demeure

----

(1) C'est-à-dire, en vapeur souvent visible et que l'on appelle
brume ou *brouillard*.

(2) Les corps, par leur contact, nous font éprouver la sensation
du *froid* et du *chaud*. La cause de cette dernière sensation est
nommée calorique.

assez meuble, au contraire, pour que l'air circule librement à l'intérieur; elle profite, par conséquent, de la chaleur atmosphérique, et quand viennent les pluies d'été, elle ne conserve qu'autant d'humidité que le permet l'effet capillaire combattu, dans ce cas particulier, par la pesanteur de l'eau qui a pu pénétrer, sans difficulté, dans toutes les parties du sol.

Il n'y a pas de terrains complétement imperméables. Si donc, il ne tombait que peu d'eau, de temps en temps, les terres qui, en 1853, n'ont donné qu'un produit négatif, auraient pu être labourées et ensemencées; mais les eaux de pluie sont assez abondantes, ainsi qu'on l'a déjà vu, pour former annuellement une couche de 0,65 d'épaisseur sur toute la surface de la terre, et quand un terrain n'est bien perméable que sur 0,15 à 0,20 de profondeur, il est certain qu'il se trouve saturé ou imprégné d'eau, en hiver, sept années sur dix, et qu'il devient dur, sec et brûlant, quand arrivent les fortes chaleurs de l'été. Si le drainage a pour effet d'augmenter la perméabilité; si, en même temps, l'effet de la pesanteur a pour résultat de ne laisser à la terre que l'humidité d'adhérence ou capillaire, la chaleur atmosphérique pénétrera dans le sol, sans produire le retrait qui occasionne le durcissement des parties qui le composent, quand il est trop humide.

En d'autres termes, un terrain qui se saturerait d'humidité sur 0,25 à 0,30 d'épaisseur, dans les jours de grande pluie, et qui ne s'en débarrasserait ensuite que par évaporation, deviendrait dur, sec et brûlant, d'autant plus promptement que la chaleur serait plus grande; mais, si ce terrain était perméable sur 1^m à 1^{m}20 de profondeur, il n'y aurait plus à craindre l'effet de l'évaporation; toutes les racines des plantes profiteraient, au contraire, des résultats d'une espèce d'irrigation naturelle, et d'autant plus rationnelle qu'elle serait réglée par la Providence qui a mis si généreusement, sous la main de l'homme, tous les moyens d'augmenter la somme de bien-être dont il est appelé à jouir ici-bas.

Les sables ordinaires, les cendres, les terres légères ne deviennent jamais dures, en été, quelque élevée que soit la température, et cela, parce que ces matières sont d'une nature essentiellement perméable quand elles sont isolées. Si, donc, l'on rend un terrain perméable, il participera de la nature des cendres, des sables, avec cette différence que, plus la couche poreuse sera épaisse, moins ce terrain sera sec, sans qu'il puisse y avoir surabondance d'eau, puisque du moment où il y a, à l'état libre, un corps liquide d'un poids spécifique (1) plus grand que les matières qu'il traverse, il suit nécessairement les lois de la pesanteur. De là un double résultat bien naturel : pas de crevasses, pas de mottes dures, sèches, brûlantes, parce que la terre, sur une assez grande épaisseur, ne contient jamais de surabondance d'eau ; pas d'effet nuisible aux racines des plantes, maintenues, à moins de chaleurs exceptionnelles, dans un état de moiteur qui tend à favoriser le développement des ra-

(1) Le *poids spécifique* d'un corps est le nombre qui exprime le rapport du poids d'un volume quelconque de ce corps, au poids d'un volume égal d'un autre corps. On prend pour terme de comparaison, le poids d'un mètre cube d'eau, que l'on représente par 1. Si un mètre cube d'un autre corps, de pierre, par exemple, pèse le double, on l'exprimera par 2. Si un stère de bois pesait moitié moins, on l'exprimerait par la **fraction 0,50.**

dicules, sans pouvoir jamais amener de conséquences qui ressemblent en rien à l'excès d'humidité.

Tout le monde a pu remarquer que, à quelques exceptions près, les sols poreux sont fertiles et les sols très-compactes, stériles ; mais on ne comprend pas aussi bien que, si l'épuisement de l'eau nuisible à la végétation et aux travaux agricoles, est l'effet immédiat du drainage, le principal avantage de cette opération est d'ameublir, de réchauffer et d'aérer les sols compactes. C'est ce qui a amené un assez grand nombre de personnes à penser que le drainage n'était guère applicable que dans les marais.

Au point de vue de la chaleur, nous avons déjà examiné la question. Nous avons démontré que l'évaporation de l'eau produit le froid ; on sait qu'elle rafraîchit le vin ; que, dans les climats chauds, elle forme la glace ; mais il est difficile de déterminer exactement le degré de refroidissement causé par une quantité d'eau donnée. Toutefois, il est à peu près certain que si l'évaporation d'un litre d'eau, abaisse de 10 degrés, la température de 50 kilogrammes de terre, ou, en d'autres termes, que si la pluie pénètre dans la proportion de 500 grammes pour 50 kilogrammes de terre, dans un sol compacte saturé d'eau d'attraction, et ne s'en dégage ensuite que par évaporation, elle abaissera de 10 degrés la température de ce sol.

Pendant nos cinq ou six mois de temps froid, l'air descend très-rarement, dans nos contrées, à la surface du sol, à plus de 9 degrés au-dessous de zéro, et, comme on a trouvé que celle de la terre, à la profondeur des drains ordinaires, est de 9 degrés environ, on pour-

rait être amené à conclure que des terrains drainés seraient, dans certains cas, plus froids en hiver que des
terrains non drainés ; ce serait exact ; mais, quand la
température, à la surface du sol, est de 20 à 30 degrés,
et même de 40, on comprend aisément quel effet doit
produire une pluie d'orage, sur des terres drainées à
une profondeur telle, que le froid de l'évaporation
n'exerce plus qu'une influence à peu près nulle. En ac-
cordant 0^m 60 à l'attraction capillaire, il restait encore,
avec des drains de 1^m 30 de profondeur, 0,70 de défense
contre l'évaporation ; on n'aurait, dès lors, à craindre
aucun des inconvénients qui résultent de l'action combinée de l'attraction capillaire et de l'évaporation.

Si, nous le répétons, ce qui concerne l'aérage des
terrains drainés, est moins facile à saisir que ce qui a
rapport à l'élévation de la température du sol, il n'en
est pas moins évident, pour les personnes qui s'occupent
d'agriculture et d'horticulture, que l'air frais et l'eau
fraîche exercent une très-heureuse influence sur la fertilité du sol.

Il est certain, que de même que l'air stagnant cesse
de soutenir la vie de l'homme et des animaux, de même
l'eau et l'air stagnants peuvent ne plus fournir les éléments nécessaires à la végétation.

Si, en 1853, notre récolte a laissé à désirer ; si, par
suite, nous avons dû porter des millions à l'étranger
pour nous procurer des subsistances ; si on a éprouvé
quelques inquiétudes au sujet des semailles, à quoi l'attribuer, si ce n'est à la surabondance des pluies qui ont
empêché les blés de lever, en 1852, et qui, en 1853,
ont rendu, sur certains points et dans certaines contrées,

le labour si difficile? Quelle est encore la cause de la cherté actuelle du blé? N'est-elle pas due à la température qui a exercé une si fâcheuse influence, pendant près de soixante jours entiers, sur les terres sursaturées d'humidité, où, comme nous le disions en commençant, les plantes gorgées d'eau ont été constituées dans un état de maladie qui, s'il n'en a pas fait périr un grand nombre, en a du moins gravement altéré la constitution, en nuisant essentiellement à la nature de leurs produits.

Eh bien ! dans des terres drainées avec soin, pas de maladies à craindre ; on a des récoltes excellentes, et les semailles y sont presque toujours possibles. Deux ou trois jours après les pluies les plus fortes, les dernières façons peuvent être données aux terres qui étaient le plus humides avant le drainage, et la semence n'a à souffrir ni des nouvelles pluies qui surviendraient, ni des gelées sans effet sensible sur les terres assainies par l'application du système providentiel que nous cherchons à populariser. Les gelées ont atteint malheureusement beaucoup de blés cette année, surtout parmi ceux qui ont été ou semés tard ou placés dans des terres labourées à trop peu de profondeur. Dans l'une et l'autre hypothèse, la plante n'a pu pénétrer assez avant dans le sol pour résister aux effets de déchaussement.

Mais il ne faut pas perdre de vue que cette opération, toujours efficace quand elle est faite avec intelligence, peut bien n'avoir aucun résultat, si elle est exécutée sans précaution.

CHAPITRE V.

EXÉCUTION DES TRAVAUX PROPREMENT DITS.

PREMIÈRE PARTIE.

Espacement des drains.

La question d'espacement des drains a été l'objet de longues et sérieuses études, et même de discussions passionnées. Ainsi que pour la profondeur à donner aux tranchées, il s'est produit des opinions bien divergentes. Toutefois, le drainage profond l'a définitivement emporté, et il ne pouvait en être autrement.

M. Adam, banquier à Boulogne-sur-Mer, qui, l'un des premiers de son département, a compris l'importance du drainage, a fait, pour justifier sa manière de voir à ce sujet, des calculs qui nous paraissent ne rien laisser à désirer. Voici les tableaux qu'il a fournis à l'appui de son raisonnement :

Profondeur des tranchées.	Distance entre les tranchées.	Masse de sol desséché par 40 ares.	Masse de sol desséché pour 0, 10c en mètres cubes.	Superficie de sol desséché pour 0. 10c en mètres carrés.
0^m 66	8^m 60	$3,226^m$ 500	4^m 10	6^m 27
1^m 00	11^m 50	$4,840^m$ 000	8^m 93	8^m 93
1^m 20	16^m 66	$6,453^m$ 000	12^m 00	8^m 96

Les figures nos 1 , 2 et 3 d'autre part , permettront d'apprécier le mérite des recherches de ce draineur dévoué. Nous dirons, pour rendre justice à qui de droit, que c'est à l'honorable M. Moll, que nous devons l'idée de cette démonstration. C'est tout simplement le résumé d'une partie de sa dernière leçon du premier semestre de 1854, sur le drainage. Pour ne laisser aucun doute sur l'exactitude des résultats qu'il accuse, nous admettrons : 1° que les eaux que contiennent les terres à drainer, ont besoin d'une pente de 0,03 par mètre, pour s'écouler sans difficulté ; 2° que les racines des plantes usuelles ne pénètrent que rarement, à une profondeur de plus de 0,60. Cela posé , nous pouvons dire que, du moment où, au point de partage des eaux , — au milieu de l'espace compris entre deux drains , — il se trouvera une couche de 0,60 parfaitement assainie, on aura atteint le résultat que l'on se propose d'obtenir. Il faut à l'eau retenue dans le terrain que l'on draine, une pente en rapport avec la nature plus ou moins imperméable de ce terrain. De ce que chacun sait de la nature de l'eau, on est amené à penser qu'une pente de 0,03 par mètre, sera presque toujours suffisante. Aussi , s'il ne s'agissait que d'évacuer l'eau sur une hauteur de 0,60 , des drains de cette profondeur, augmentés de la pente de 0,03 par mètre, à partir du milieu de la distance de chaque fossé , satisferaient à toutes les exigences. En admettant cette hypothèse , on devrait donner pour 8 mètres d'écartement et une profondeur de 0,60 au point de partage des eaux , 0,60, plus quatre fois 3 centimètres, c'est-à-dire 0,72 ; pour 12 mètres 0.78, pour 16 mètres 0,84. Plus on aura

2.

Fig. 1.

8ᵐ00
0.40
0.40
0.72
0.72
0.60
0.05
0.05
Fig. 2.
0.40
0.96
0.60
0.40
0.96
12ᵐ00
Fig. 3.
1·24
0.40
0.60
16ᵐ00
0.40
1·24

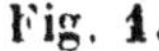

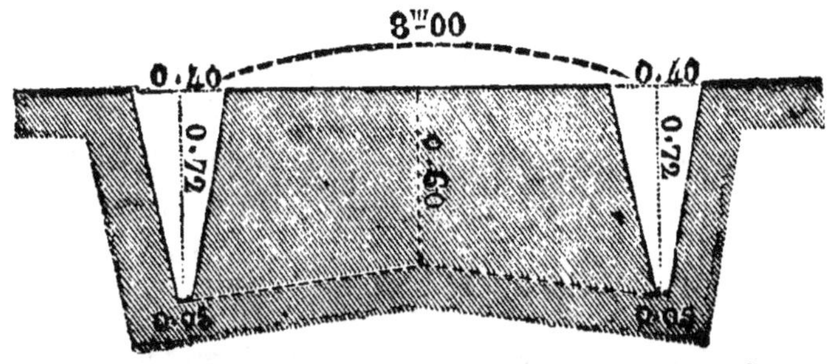

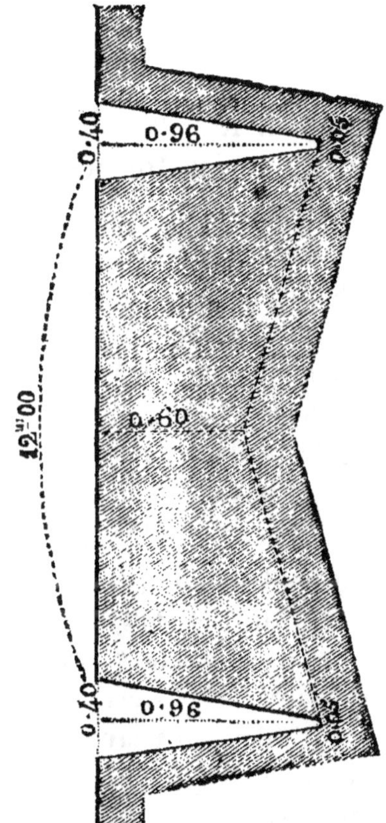

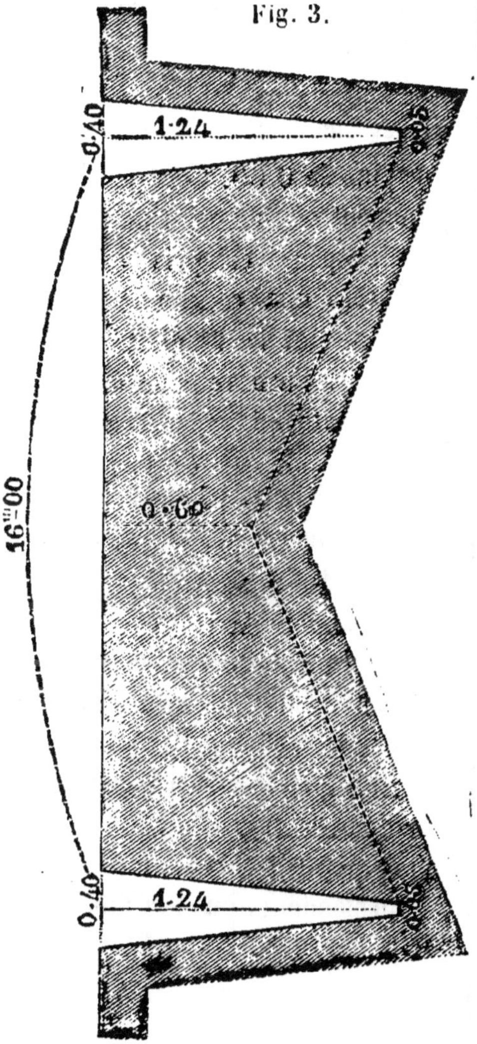

d'espacement, moins le chiffre de la dépense sera élevé.

En effet, si dans un hectare de terrain, on espace les drains de 8 mètres, on en creusera 12 à 0,72 de profondeur, ce qui donnera un développement de 1,200 mètres courants de tranchées. En les écartant à 12 mètres, il suffirait d'en creuser huit à 0,78 de profondeur, ce qui permettrait de n'ouvrir que 800 mètres courants de drains ; en les plaçant à 16 mètres, avec une profondeur de 0,84, six seulement suffiraient, toujours au point de vue théorique, pour l'entier assainissement de cet hectare de terrain, et le développement des drains ne serait plus que de 600 mètres.

Une objection sérieuse se présente ici. Avec la pente que nous avons indiquée, on peut bien admettre que l'on évacuera l'eau des terres saturées d'humidité, quand il n'y aura qu'une distance de 4 mètres à parcourir ; mais, en considérant cette limite comme un maximum, pour ce cas spécial, on reconnaîtra que si l'espacement est plus considérable, la difficulté d'écoulement doit réellement augmenter, et que, dès-lors, il y a lieu de donner aux eaux une pente plus forte. En fixer la limite d'une manière certaine, ne serait pas chose aisée, parce que l'on ne peut guère se rendre exactement compte de l'effet plus ou moins énergique que la pesanteur produit à l'intérieur de la terre. Mais, si pour une distance de 6 mètres, à partir du point de partage des eaux, on donne une pente de 0,96 par mètre, c'est-à-dire, une profondeur de 0,96 aux drains, et pour un écartement de 8 mètres, une pente de 0,08 ou 1,24 de profondeur, on sera fondé à conclure que si les terres sont dans des circonstances absolument semblables, les eaux s'écouleront plus facilement qu'à une distance de 4 mètres, avec une pente de 0,03 seulement. De là résultent des économies relativement considérables qui devront faire préférer le drainage profond, au drainage superficiel.

M. de Saint-Venant indique une formule qui permet de calculer les distances, par les profondeurs, *et vice versâ;* mais, cette formule est basée sur l'hypothèse que l'action capillaire, que nous avons expliquée plus haut, combattant la pesanteur ou la tendance naturelle de l'eau, à descendre, donne aux nappes souterraines une inclinaison ascendante d'un dixième ; or, cette hypothèse peut bien être repoussée, soit parce qu'elle accorde trop, soit parce qu'elle est au-dessous de la vérité. Ce qu'il y a de certain, c'est qu'elle doit varier suivant chaque mètre carré de terrain. En l'admettant, nous arrivons à conclure que, si le succès de la culture exige, comme nous l'avons posé en principe, l'assainissement d'une couche horizontale de 0,60 de hauteur, nous aurons, pour 1^m 20 de profondeur, 12 mètres d'espacement seulement, parce que l'excès de 1^m 20 sur 0,60 est de 0,60, et que dix fois 0,60 donnent 6 mètres : pour 1^m 30 on aurait 14 mètres, et pour 1^m 50 on aurait 18 mètres, c'est-à-dire, qu'au lieu de supposer, comme nous, un relèvement progressif, M. de Saint-Venant le considère comme à peu près invariable et le fixe à 0,10 de pente, par mètre. « Souvent même, dit M. de Saint-Venant, l'an-
» gle de cette inclinaison ascendante est plus grand, et
» il faut creuser à une plus grande profondeur, pour les
» mêmes distances, ou réduire les distances, pour des
» profondeurs égales. »

Entre ces indications et les nôtres, il y a une différence assez sensible, bien que les bases du système soient les mêmes. En effet, nous admettons seulement un relèvement de 3 pour 100 dans les terrains ordinaires, et dans des cas ordinaires, *pour de petites distances*, parce que l'action capillaire est d'autant moins énergique que les drains sont plus rapprochés, quand l'attraction moléculaire, au contraire, acquiert, par cela même, plus de force. Puis, il faut le dire, il n'existe pas, à proprement parler, de nappes d'eau souterraines dans tous les terrains. Il n'y a, le plus souvent, que les eaux de pluie à évacuer. Or, ces eaux, sollicitées par l'effet de la pesanteur, au fur et à mesure qu'elles tombent, ne forment jamais de nappes dans des terres drainées. Elles pénètrent dans le sol, fournissent des substances alimentaires aux racines, *étanchent leur soif*, donnent à la terre la *moiteur* qui la rend fertile, en lui assurant une *provision* pour les besoins des plantes qu'elle doit alimenter, et le trop plein arrive tout naturellement dans les drains où l'écoulement doit être d'autant plus facile, que l'espacement des tranchées est plus grand, c'est-à-dire, qu'il faut, dans ce cas, des tuyaux d'une dimension en rapport avec la masse d'eau à évacuer.

Quand on a porté l'inclinaison ascendante à un dixième de la distance, entre le point de partage et le drain, on a considéré la tranchée comme n'existant pas encore, et cet élément indispensable pour faire une appréciation exacte, manquant, les chiffres qui indiquent les *entre-distances* des drains, sont tout naturellement restés au-dessous de notre minimum.

S'il s'agissait de terrains où se trouvent des nappes d'eau souterraines, et qui seraient, d'ailleurs, d'une certaine perméabilité à la surface, je me rangerais complétement à l'avis de M. de Saint-Venant.

Le tableau qui suit, indiquant le résultat des recherches auxquelles nous nous sommes livré, permet de reconnaître les différences d'assainissement qui existent dans le volume des terres, suivant le plus ou moins de profondeur des drains. Pour mettre nos lecteurs à même de vérifier nos calculs, nous croyons devoir reproduire les bases sur lesquelles ils reposent :

$$\frac{0,72+0,60}{2} \text{ 1/2 somme des deux bases} \times 8^m 40 \text{ hauteur} \times 1,200^m \text{ de longueur.}$$

$$\frac{0,96+0,60}{2} \text{ 1/2 somme des deux bases} \times 12^m 40 \text{ hauteur} \times 800^m \text{ de longueur.}$$

$$\frac{1,24+0,60}{2} \text{ 1/2 somme des deux bases} \times 16^m 40 \text{ hauteur} \times 600^m \text{ de longueur.}$$

Distance entre les tranchées.	Profondeur des tranchées.	Masse de sol desséché dans un hectare.
8^m 00	0^m 72	6,652^m 800
12^m 00	0^m 96	7,737^m 600
16^m 00	1^m 24	9,052^m 800

Quant aux économies, elles ne sont pas relativement moins grandes que les résultats d'assainissement.

En effet, dans un hectare de terrain, un drainage exécuté, comme l'indique la figure 1re, page 30, c'est-à-dire, à une profondeur de 0^m 72, avec un espacement de 8 mètres, pourra être évalué ainsi que le prouvent les calculs ci-dessous, à 234 fr. 05 c.

1,200^m courants de fouille à 0^f 07 (minimum du prix), coûteront. . . . . 84^f 00

1,200^m courants de remplissage à 0^f 02 . . 24 00

3,420 tuyaux à 21^f 50 le mille. 73 53

Approche et placement des tuyaux et des tuileaux à 0,025. . . . . , ... 30 00

Charge et transport de ces tuyaux, à 6^f le
mille, dans un rayon de 24^k 20 52

Tuileaux pour 1,200^m 2 00

Total. . . . . 234^f 05

Pour une profondeur de 0^m 96 et un espacement de
12 mètres, on peut établir ainsi le prix de revient :

800^m courants de fouille à 0^f 10 l'un, donnent. 80^f 00

800^m courants de remplissage à 0^f 025. . . 20 00

2,990 tuyaux à 21^f 50 le mille. 50 24

Placement des tuyaux et des tuileaux à 0,025. 20 00

Transport des tuyaux à 6^f le mille, dans un
rayon de 24^k 13 74

Tuileaux pour 800^m 1 33

Total . . . . 185^f 31

Avec une profondeur de 1^m 24 et une distance de 16
mètres, la même opération coûterait seulement, savoir :

600^m courants de fouille, à 0^f 13, ci. . . . 78^f 00

600^m courants de remplissage, à 0^f 03 . . . 18 00

1,710 tuyaux à 21^f 50 le mille. 36 77

Placement de tuyaux et tuileaux, à 0,025. . 15 00

Transport des tuyaux, à 6^f le mille, dans un
rayon de 24^k 10 26

Tuileaux pour 600^m 1 00

Total. . . . . 159^f 03

Une économie de 31 p. 100 entre le drainage profond et le drainage superficiel, est évidemment trop grande, pour ne pas attirer l'attention des cultivateurs sur ce point et leur faire préférer le dernier système au second, et le second au premier.

Toutefois, on ne doit pas perdre de vue que ces principes, appliqués d'une manière absolue, sans se préoccuper tout particulièrement de la nature des terrains à drainer, donneraient lieu à de fâcheux mécomptes.

Il faut adopter le système, sans hésiter, sauf à en modifier l'application, suivant les circonstances dans lesquelles on peut se trouver. Si le drainage profond est toujours efficace, il y a très-certainement des cas où il n'est pas indispensable; c'est quand le sous-sol est composé d'argile remaniée, empâtant des silex appelées, dans certaines contrées, *cauchin*.

Quand on a à opérer dans des terrains de cette nature où la fouille, à une grande profondeur, présente de sérieuses difficultés, il peut paraître suffisant de pratiquer des drains à 0,70 ou 0,75, avec espacement de six à huit mètres; mais, il faut compléter le drainage, par un labour profond, au moyen de la charrue fouilleuse.

C'est là l'opinion de M. Vandercolme, draineur émérite, à qui le comice agricole de Dunkerque, dans sa séance du 20 septembre 1852, a décerné une médaille d'or de 400 fr., comme récompense de son zèle et de son dévouement.

M. Achille Adam, dont nous avons déjà parlé, disait, dans son rapport du mois de juin 1853, à la société d'agriculture de Boulogne-sur-Mer : « Partout où l'on a

» drainé des terres compactes, on a reconnu la néces-
» sité de fouiller le sous-sol au moyen de la charrue à
» sous-sol, et l'effet de cette opération s'est fait sentir
» généralement pendant cinq à six ans. »

Un terrain glaiseux, quelque compacte qu'il soit, se délitera, se fendillera assez vite, s'il ne renferme pas de fragments siliceux de différentes grosseurs qui forment, pour ainsi dire, un ciment de la plus grande tenacité. Du moment où les glaises sont *léchées* par l'air sec, elles deviennent très-friables ; mais si les glaises, ou plutôt les argiles plastiques sont de nature à se déliter, quand elles se trouvent soumises aux influences atmosphériques, une fois drainées, elles donnent facilement passage à l'eau de pluie, parce que si les parois des drains sont, d'abord, les seules parties exposées à l'air, elles changent très promptement de nature et communiquent les propriétés qu'elles acquièrent, au terrain qui les touche immédiatement. De proche en proche, l'équilibre s'établit comme conséquence de l'attraction moléculaire, et toute la bande comprise entre les drains, devient d'autant plus vite perméable, qu'elle était composée d'argile plus plastique. Mais, quand il y a des matières siliceuses plus spécialement représentées par des fragments isolés, tassés comme une maçonnerie romaine, le délitement est tellement lent, que le drainage profond n'y produit pas, d'abord, plus d'effet que le drainage à 0ᵐ 70 ; et comme, dans ce dernier cas, les travaux coûtent 30 pour 100 de moins, il nous semble préférable de rapprocher les tranchées et de se borner à une profondeur de 0ᵐ 70 à 0ᵐ 75. Ce que l'on peut assurer, c'est que la limite *minima*, pour les drains ordinaires, est généralement de 0ᵐ 70, et qu'il n'est presque jamais nécessaire d'aller au-delà de 1ᵐ 50.

M. de Cauville a drainé à une profondeur beaucoup plus grande, et les résultats qu'il a obtenus ne laissent, cependant, rien à désirer. La distance entre ses drains est de 100 mètres, et la profondeur de 2ᵐ 50.

Ce dernier chiffre peut paraître exagéré, et pourtant il nous sera facile de le justifier. La fig. de la planche Iʳᵉ permet d'apprécier combien une augmentation de quelques centimètres, dans la profondeur, laisse de latitude, en ce qui concerne l'écartement. En effet, en creusant les drains à 1ᵐ20 de profondeur, et en admettant même une pente, en moyenne, de 0,05 par mètre, ce qui doit suffire généralement, on peut les espacer à une distance de 24 mètres, et on obtient ainsi une réduction de 200 mètres courants sur le développement des tranchées que nécessite l'application du dernier système que nous avons exposé et qui consiste à tenir l'écartement à 16 mètres. En creusant à 1ᵐ 30, on peut porter l'écartement à 28 mètres, et n'avoir que 350 mètres courants de drains à ouvrir pour l'entier assainissement d'une égale superficie de terrain. Pour peu que l'on admette, avec nous, que la pente de 0,05 est excessive, à moins qu'il ne s'agisse d'argile pure, compacte, homogène, on s'expliquera aisément l'effet du système de M. de Cauville.

Tous les points de la ligne qui part du sommet A et dont l'inclinaison, par rapport à la surface de sol, est de 0,05 par mètre, indiquent la profondeur que devrait avoir une tranchée pratiquée, à chacun de ces points. En admettant cette pente pour une distance de 50 mètres, il faudrait aller à 3ᵐ 00, si l'on tenait à n'avoir qu'une couche d'une épaisseur de 0,50 parfaitement assainie; mais, comme M. de Cauville a obtenu d'excellents résultats, en creusant des drains à 2^m 50 pour un espacement de 50 mètres, on doit admettre qu'une pente moyenne de 0,05 est plus que suffisante : c'est ce que nous avons déjà dit, en parlant de la formule de M. de Saint-Venant. En réduisant la pente à 0,04, notre raisonnement aura évidemment plus de force.

D'après l'opinion d'un auteur que j'affectionne beaucoup, le relèvement des nappes souterraines se produit suivant une ligne elliptique dont la pente est supérieure à celle qu'admet M. de Saint-Venant.

M. Jacquemard, de Quessy, ancien élève de l'école Polytechnique, m'écrivait, dans les premiers mois de 1855, à ce sujet, en confirmant, par des faits, les données que m'ont permis d'établir de longues expériences.

Dans un bois, nouvellement défriché, que ce propriétaire a fait drainer pendant l'hiver 1854-1855, il a adopté l'espacement de 16 mètres avec une profondeur de 1,30 à 1,35, et le niveau d'eau, à mi-distance des tranchées, a baissé en 24 heures de 0,25 et de 0,60 à 0,65, *en deux jours seulement*.

M. Delacroix, ingénieur des ponts et chaussées, chargé de la direction des travaux de drainage du domaine impérial de la Motte-Beuvron, a fait, à plusieurs reprises, les mêmes expériences que M. Jacquemard, et il a obtenu des résultats plus complets. En effet, il a constaté que dans les terrains drainés, l'eau des sondes baissait successivement, mais toujours très-vite, et jusqu'à la profondeur des tranchées, hauteur où elle arrivait *au moment même où elle cessait de couler dans les tuyaux.*

En présence de semblables faits, le doute ne paraît plus permis, la théorie semble avoir tort.

On doit désirer, sans aucun doute, que l'épaisseur de la couche assainie, soit telle que les effets de l'évaporation ne se combinent qu'exceptionnellement avec la capillarité; aussi, n'avons-nous indiqué le chiffre 0,60 que comme un point de départ, afin d'avoir un terme de comparaison. Les résultats, en admettant cette base, seraient réellement trop beaux; ce serait une nouvelle révolution dans le drainage. Au lieu de 0,60, admettons 0,80, 1 mètre, même. Dans la première hypothèse, une profondeur de $1^m 20$, avec une pente de 0,04, permettrait un espacement de 20 mètres, lequel exigerait, pour la seconde, $1^m 40$. Avec notre profondeur ordinaire, c'est-à-dire $1^m 30$, nous pourrions adopter 30 mètres. Mais, comme la combinaison de l'évaporation avec l'effet capillaire, ne se produit d'une manière bien sensible, que dans des terrains où existent des nappes d'eau souterraines, notre démonstration, applicable spécialement aux terrains d'une autre nature, conserve toute sa force, et nous arrivons à conclure que les dépenses du drainage peuvent être réduites de telle sorte, que nul, à l'avenir, ne saurait hésiter à recourir à ce système d'assainissement.

D'après la méthode de M. de Cauville, la largeur des drains devrait être, en gueule, de 1^m, au moins, fig. 4, sans pouvoir être réduite, sur 1^m50 de profondeur, de plus de 0^m15 à $0^m 20$. Il faudrait, d'ailleurs, laisser des à-dents ou redents qui permettraient de faire des dépôts, et de reprendre, trois fois, les terres à la pelle, ce qui nécessiterait l'emploi d'une espèce de pont-volant.

Fig. 4.

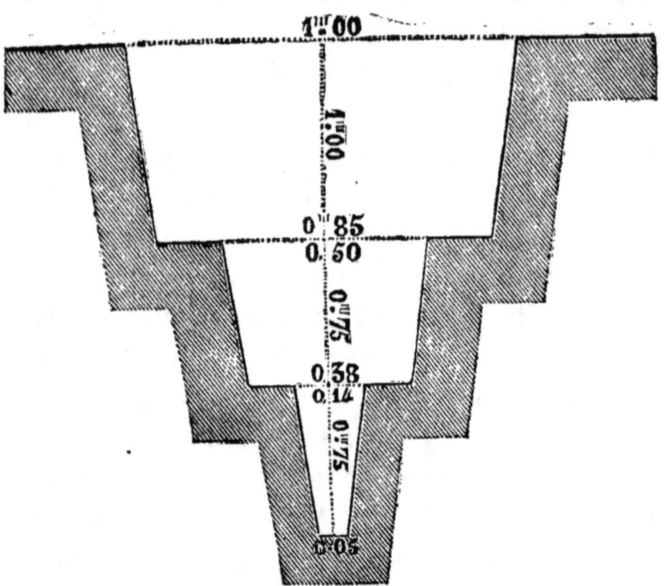

Or, ces manœuvres évaluées, dans des terrains ordinaires, d'après la base établie par les hommes de l'art, coûteraient fort cher. Puis, il arriverait des cas où l'on serait forcé d'étançonner, et ce serait une sujétion qui augmenterait encore la dépense. Il y aurait, de plus, et la pose des tuyaux qui deviendrait une opération très-délicate, et le remplissage qui demanderait beaucoup de temps.

Nous dirons, enfin, que tous les terrains ne sont pas susceptibles d'être drainés à une profondeur de $2^m 50$, à cause de la trop grande mobilité du sol. Il pourrait survenir des éboulements, et alors, si, pendant une nuit pluvieuse, comme cela nous est arrivé dans les Glaises, à Noailles, 1,000 mèt. courants de drains creusés s'éboulaient, on reconnaîtrait l'inconvénient de cette profondeur.

En résumé, des tranchées de 1^m 35 à 1^m 50 de profondeur, avec espacement de 15 à 25 mètres, suffiront presque toujours, principalement dans des terres de bois, sur les grès moyens, pour assainir complétement le terrain ; c'est incontestable.

On ne doit pas perdre de vue, d'ailleurs, qu'il est bien rarement possible de trouver assez de pente pour ouvrir des drains à 2^m 50 de profondeur. Aussi, tout compte fait, il faut plutôt considérer l'opération de M. de Cauville, comme une grande difficulté vaincue, que comme un exemple à suivre.

M. Thery, de Grugies (Aisne), a obtenu une médaille de vermeil du comice de Saint-Quentin, pour avoir drainé à 25 mètres de distance, en donnant seulement 1^m 20 de profondeur à ses tranchées.

M. de Chezelles a drainé à 16 mètres et à 1^m 40, à Frières, dans des terres où l'argile plastique se rencontre à 0,50 de la surface du sol, et il a obtenu de bons résultats.

M. Jacquemard, propriétaire à Quessy, près La Fère, a drainé, comme je l'ai déjà dit, en donnant à ses tranchées 16 mètres d'écartement et 1^m 35 de profondeur ; sa terre s'est trouvée complétement assainie, un mois après l'exécution des travaux.

CHAPITRE VI.

SUITE DE L'EXÉCUTION DES TRAVAUX PROPREMENT DITS.

DEUXIÈME PARTIE.

Ire SECTION.

Opérations préliminaires.

Il nous reste à parler de l'exécution des travaux proprement dits, des soins à prendre avant, pendant et après l'opération.

Quand la pente du terrain est assez forte, on peut, à la rigueur, se dispenser de le niveler ; mais, c'est une exception. Le nivellement est toujours une excellente précaution. Nous résumons ici, avec plaisir, les indications qui nous ont été fournies par M. Péron, agent-voyer-chef à Senlis. C'est, tout à la fois, un lever de plan, un nivellement et une étude complète de drainage. A l'aide de cet ingénieux procédé, tout homme pourra maintenant faire ces opérations, sans connaissances spéciales autres que celles qui sont nécessaires pour élever une perpendiculaire sur une ligne droite, et pour rapporter un nivellement.

Cette méthode exige l'emploi de deux roulettes d'une longueur égale au côté des carrés que l'on veut former, et dont les rubans soient tels que les variations de l'atmosphère n'en modifient l'état, que le moins possible ; il faut de plus, pour un projet important, deux mires, deux niveaux, une équerre-graphomètre et cinq aides.

L'homme chargé du projet doit rechercher avec soin, afin de la prendre pour base d'opération, la ligne de la plus grande pente. Cette ligne, une fois trouvée, il y aura à examiner quelle devra être la dimension des carrés, pour déterminer le relief du terrain, le plus exactement possible. S'il existait des accidents nombreux, mais peu sensibles, on pourrait, à la rigueur, ne pas en tenir compte. Ce que l'on doit indiquer avec soin, ce sont les différents systèmes de pente, nettement prononcés. Généralement, des carrés de 20 à 50 mètres, dont la hauteur est cotée exactement, suffisent à toutes les exigences. Pour fixer les idées, admettons le chiffre 50.

La ligne magistrale sera déterminée par des jalons espacés de 50 mètres, et piquetée, en même temps, à la même distance ; un piquet sera placé, à cet effet, à 0^m 02 et 0^m 03 en arrière de chaque jalon, afin de ne pas déranger la ligne.

L'opérateur surveille, deux hommes chaînent, un autre porte des jalons, un panier avec des piquets de 0^m 25 de longueur, et un maillet en bois, pour les chasser.

L'un des hommes qui chaînent, et qui est en avant, pique les jalons ; s'il se trompe, le chef de l'opération fait exécuter les rectifications nécessaires. Il élève ensuite une perpendiculaire, sur la ligne magistrale, au point B, fig. 5, ci-contre, et cote le nombre de jalons qu'il a fait placer, et la distance qu'il y a entre le point C et la limite de la propriété.

Fig. 5.

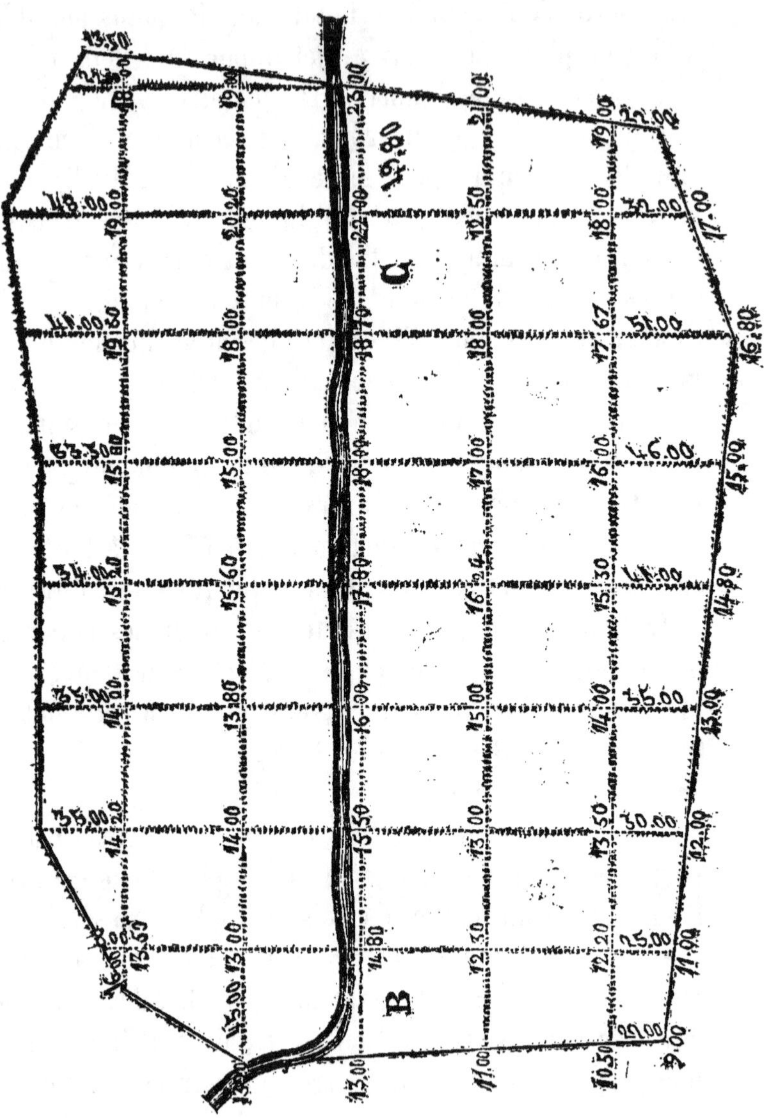

Les papillons des jalons sont numérotés ; celui du point
de départ est coté *zéro*, par la raison que le deuxième

doit se trouver à une distance égale à la longueur d'un côté des carrés.

La première perpendiculaire élevée, on tire des parallèles par chaque point que déterminent les jalons, en indiquant seulement les points extrêmes. On trace ensuite chacune de ces lignes, comme on a fait pour la base d'opération, en se bornant à placer des jalons aux sommets des angles, et à leur donner un numéro d'ordre, de chaque côté de la ligne magistrale. Quand on veut aller très-vite, on peut employer trois hommes à droite et trois hommes à gauche de cette ligne. Pour une grande étendue de terrain, il serait nécessaire d'avoir plus d'ouvriers, si l'on tenait à terminer promptement l'opération. Dans ce cas, on comprend aisément qu'il faudrait deux opérateurs au lieu d'un.

Le plan du terrain se trouvant levé, on commence le nivellement.

On s'occupe d'abord de la ligne principale, en ayant soin de poser les mires sur les têtes des petits piquets qui ont dû être enfoncés au niveau du sol.

On nivelle ensuite les perpendiculaires, en commençant par les deux premières, au moyen de deux mires. A cet effet, on se place entre les deux lignes. Cette seconde opération comprend la première et la seconde lignes; une deuxième comprend la troisième et la quatrième.

Si la pente du terrain était trop forte, on ne s'occuperait que d'une perpendiculaire à la fois, à moins qu'il n'y eût deux hommes ayant les connaissances nécessaires pour diriger les études.

L'opération sur le terrain étant terminée, on rapporte

la ligne principale, en donnant *à l'ordonnée*, un chiffre assez élevé pour qu'aucune cote des perpendiculaires, qui doivent être ramenées à l'ordonnée générale, ne se trouve avec le signe — o.

Chaque nivellement se calcule d'abord à part; puis, on ajoute à la cote du point d'intersection de chaque perpendiculaire, sur la ligne magistrale, la différence entre cette cote et celle de l'ordonnée générale. Ce même nombre s'ajoute nécessairement à chaque cote de la même perpendiculaire, qui devient ainsi une annexe de la base d'opération.

Toutes les cotes étant ramenées à leur valeur relative par rapport *à l'ordonnée*, il devient extrêmement facile de **tracer** les drains dans la direction des plus grandes pentes, ce qui est indispensable, quand on désire ne pas laisser de nappes souterraines trop rapprochées de la surface, dans les parties hautes du terrain, où l'on pourrait bien ne pas les atteindre, si on ne suivait pas leur direction naturelle.

Une nappe d'eau, en effet, peut se trouver, dans certains endroits, à 1^m 70 de la surface et s'en rapprocher au fur et à mesure qu'elle descend vers les parties basses qu'elle inonde, si le fond d'un drain transversal n'est pas inférieur au lit de la veine fluide qui arrive nécessairement, au contraire, dans un drain longitudinal moins profond, par la raison que les tranchées forment un vide d'une hauteur uniforme, et parallèle à la surface du sol, ou à peu près, du moins, tandis que les nappes d'eau ont généralement une pente moins prononcée que le terrain.

Une fois le tracé effectué, on peut procéder à l'ouverture des tranchées; mais, si on tient à se rendre compte des difficultés que doit offrir l'exécution des travaux, il faut pratiquer des sondages, sur un grand nombre de points, à une profondeur de 1,10 à 1,60, suivant la pente plus ou moins prononcée du terrain. Ces sondages permettront de reconnaître exactement la nature du sol, la profondeur à laquelle se trouvent les nappes souterraines, s'il en existe, l'abondance des eaux, enfin, dont le sol est saturé.

Le temps qu'emploie un ouvrier, à terminer une de ces opérations, peut servir, d'ailleurs, à l'évaluation très-approximative de la dépense, pour peu que les trous soient creusés dans toutes les parties du terrain à drainer. On se rend compte, en même temps, des moyens d'écoulement auxquels il est possible de recourir. On sait immédiatement s'il faudra se procurer de petits ou de moyens tuyaux. On se trouve à même, en outre, de prendre toutes les précautions nécessaires pour exécuter convenablement le drainage.

CHAPITRE VII.

IIe Section.

Exécution des travaux.

Nos ouvriers ont un cordeau qu'ils placent de chaque côté du drain, de 0,20 à 0,225 de la ligne d'axe. À l'aide de ce guide, ils font, ce qu'ils appellent, le *cisèlement*, opération qui s'exécute à la bêche ordinaire, et qui consiste à pratiquer, de chaque côté des drains, une coupure de 0,15 à 0,20 de profondeur, qui rend très facile le creusement de la première partie de la tranchée. Quelques draineurs émérites recommandent l'emploi d'une espèce de trident en fer, pour enlever les gazons des herbages et des prairies. Nous n'avons jamais fait l'essai de cet instrument; mais, nous pensons qu'il y a des circonstances où il permettrait d'exécuter plus de travaux, que la bêche que nous employons.

Comme nous donnons toujours, à nos ouvriers, un *gabarit* en bois, dont la forme indique exactement celle des drains à ouvrir, ils ne sont jamais embarrassés sur le point de savoir de quel outil ils doivent se servir.

On comprend aisément que si ces instruments n'étaient pas légèrement creux, ils ne feraient guère que remuer la terre, quand il importe beaucoup d'en enlever le plus possible, en même temps qu'on la fouille.

Dans certains terrains, dans les argiles compactes, homogènes, c'est-à-dire, de même nature, on emploie avec avantage l'instrument indiqué fig. 6 et 7, dont se servent les draineurs anglais. Pour peu que l'on ait soin de faire des coupures le long des parois, comme cela a eu lieu dans la partie supérieure, ce qui est extrêmement simple, on va à une très-grande profondeur, sans éprouver la moindre difficulté. Pour des ouvriers très-intelligents, cet instrument, seul, suffit toujours dans les terrains qui offrent quelque consistance. Il a quelquefois, d'ailleurs, la force nécessaire pour vaincre la résistance

Fig. 6.   Fig. 7. que présente le *bief* et même le *cauchin* (1). C'est, cependant, une lame plate en dessous, triangulaire en dessus, légèrement courbée dans le sens longitudinal et emmanchée au moyen d'une forte douille. Comme elle n'a que 0,06 à 0,07 de largeur dans le haut, et 0,05 à 0,055 dans le bas, on l'emploie trois fois dans les parties du drain qui a 0,18 à la base supérieure et 0,12 à la base inférieure, et deux fois dans le haut de la dernière; il suffit quelquefois d'une seule, dans le fond des drains. L'écope, curette ou *warigus*, à long manche, est destinée à enlever les terres restées dans les tranchées. Nous en donnerons la figure à l'article *Outillage spécial*.

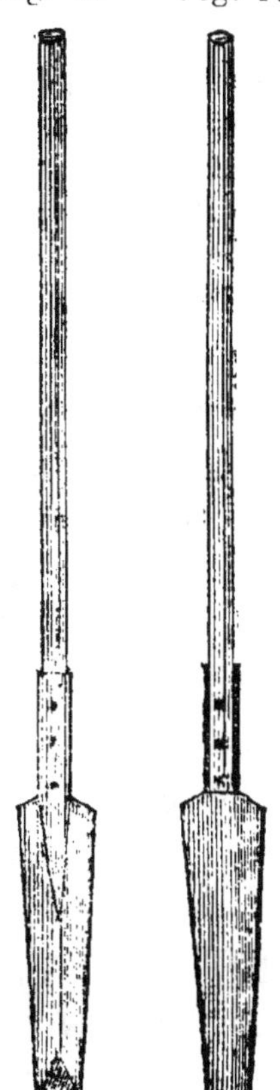

Nous avons supposé, dans l'exécution des travaux, une terre meuble, ou, du moins, peu dure. Mais, il ne faut pas se faire d'illusions sur les opérations de drainage qui offrent, en général, de très-grandes difficultés, dans le creusement des tranchées. On rencontre, tantôt de larges pierres de grès bert, tantôt du grès proprement dit, tantôt une argile pure, empâtant des ro-

(1) On appelle *bief*, l'argile plastique ou terre à pot, remaniée, souvent mêlée d'une certaine quantité de sable; le *cauchin* est de l'argile ferrugineuse également remaniée. et dans laquelle se trouvent des silex de la craie, en plus ou moins grande quantité.

gnons de silex, tantôt, une glaise onctueuse renfermant
des bancs coquillers ; tantôt, une argile siliceuse, avec mélange de fragments de meulière. Alors, ce n'est plus à la bêche ordinaire ni à la bêche anglaise, que l'on doit avoir recours, pour le creusement des drains ; quand le fond des tranchées né peut être creusé ni avec l'une ni avec l'autre, il faut se servir d'une forte pioche ou d'un hoyau, dans le premier et le dernier cas ; dans le second, d'une bêche légère, en bois de hêtre, ayant la forme d'un **V**, et avoir, près de soi, un vase rempli d'eau, pour y tremper, de temps en temps, cet instrument qui, sans cette précaution, ne ferait que déchirer la glaise, par la raison qu'il se trouverait bientôt enduit de la même matière, de telle sorte qu'on ne pourrait l'employer longtemps sans éprouver de grandes difficultés.

On fait usage, avant le placement des tuyaux, de

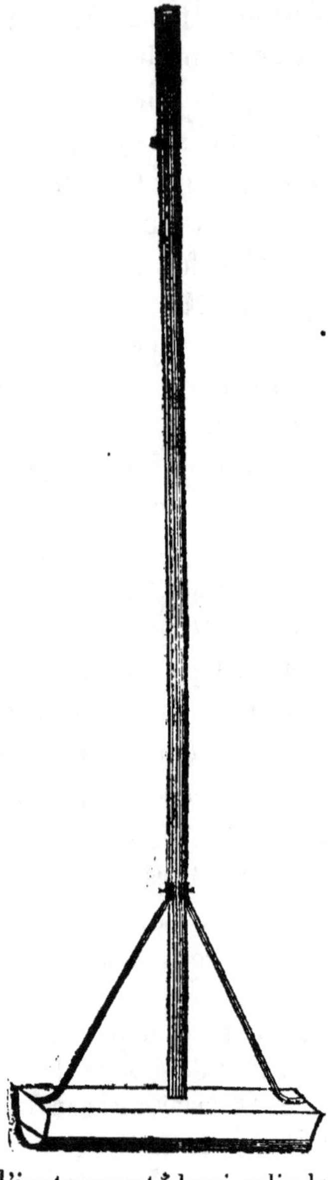

Fig. 8.

l'instrument demi-cylindrique représenté à la figure 8.

Ce *tasseur*, garni d'une forte plaque de fer en dessous, permet de donner au fond des tranchées, une forme assez régulière pour qu'il soit possible de placer les tuyaux, de manière à ce qu'ils portent partout et qu'ils ne puissent par conséquent se déranger.

Dans les terres complétement glaiseuses, il est prudent d'employer des manchons ou du moins des demi-manchons, afin que le tassement, qui s'opère successivement après le remplissage des drains, ne retarde pas l'effet que doit produire nécessairement le drainage. Je ne dis pas rendre *nul*, par la raison que l'on comprend, sans peine, que les glaises les plus compactes placées sur un corps dur, rugueux, permettront toujours l'écoulement de l'eau qui arrive dans les drains, par suite de l'effet de la pesanteur.

CHAPITRE VIII.

IIIe SECTION.

Précautions à prendre dans l'exécution des travaux ; moyen de prévenir les éboulements.

Si les terres compactes présentent de grands obstacles d'exécution, les terres meubles ne sont pas, sans causer aussi de sérieux embarras, par suite des éboulements qui s'y produisent.

Lorsque l'on rencontre des sables glauconieux, il faut que les drains commencés le matin, soient terminés le soir et que les tuyaux y soient placés immédiatement.

Dans ces circonstances exceptionnelles, l'emploi des demi-manchons, est presque toujours indispensable ; quand on ne peut s'en procurer, il faut prendre de très-grandes précautions pour couvrir les joints des tuyaux au-dessus desquels il est utile de placer une couche de paille de seigle ou d'avoine, après avoir établi en tête de chaque ligne de tuyaux, une espèce de barrage en pierres sèches, afin que le sable que charrient les eaux qui viennent des parties supérieures au terrain que l'on draine, ne puisse engorger les drains.

Des affouillements, occasionnés par les pluies diluviennes du mois de juin 1854, s'étant produits dans la partie du fossé *extérieur* du bois de La Noue (Seine-et-Oise), où passe un des collecteurs généraux qui s'est trouvé mis à jour, par cette circonstance étrangère au drainage, et ensuite engorgé sur un point, on a prétendu que l'engorgement devait être attribué à la pose des tuyaux, et que, dans des cas semblables, il fallait luter les joints, avec de l'argile plastique bien corroyée, afin d'empêcher le sable de pénétrer dans les évacuateurs.

Il y a évidemment erreur dans cette appréciation ; car, ce qui ne peut faire doute, si l'air circule dans les tuyaux quand ils ne coulent plus à pleins bords, l'argile sèche, puis se fendille et se désagrége. Si cet effet se produit, le remède qui a été conseillé sera pire que le mal, parce que, eu égard à la ténuité de ses parties, l'argile pénétrera dans les tuyaux, présentera, par suite, un obstacle à l'écoulement des eaux et pourra donner lieu à des engorgements.

C'est ce qui arrivera très-probablement par les opérations où l'on s'est borné à placer des *pelottes* de glaise sur les joints des tuyaux.

Dans les terrains tourbeux, ou boueux, ou liquides,

on a recours , exceptionnellement, à l'emploi des voliges d'aune, pour former l'assiette des tuyaux. Ces voliges , d'une largeur de 0,05 à 0ᵐ 075, et d'une épaisseur de 0,01 au plus , se placent, soit sur des piquets, soit sur des pierres plates disposées de telle sorte qu'elles ne fléchissent pas sous le poids des tuyaux.

On nettoie soigneusement les tranchées avec un balai de genêt ou de bouleau avant le placement des tuyaux, et si l'on n'emploie pas de manchons, il est prudent de les couvrir de pierres ou de cailloux, sur une hauteur de 0,10 à 0,20. Plus ces matériaux sont petits , mieux vaut l'opération.

Dans certains cas, enfin, le terrain est d'une nature si molle, que la pose des tuyaux offre de très-sérieuses difficultés. Les sables mouvants, la tourbe liquide, une espèce de limon composé de différentes matières, détrempé par les eaux stagnantes et par celles qui arrivent dans les vallées, des parties supérieures adjacentes : telles sont les terres que l'on rencontre quelquefois, précisément à la profondeur où doivent être placés les tuyaux. Dans ces circonstances heureusement rares, on a besoin d'ouvriers intelligents et pleins de dévouement, d'hommes qui ne soient pas obligés de se préoccuper du chiffre de leur salaire. Il faut, d'ailleurs, qu'ils soient assez bien traités par celui qui les emploie ; qu'ils aient en lui assez de confiance pour considérer, pendant le temps que durent les difficultés, l'opération à laquelle ils se livrent, comme une affaire personnelle. Un seul instant de négligence, de découragement, d'inattention, et l'opération est compromise.

Pour prévenir les éboulements dans la tranchée, on en

divise la longueur en autant de sections, qu'on peut obtenir de pentes égales à la profondeur que doit avoir le drain. On commence la fouille à la limite séparative de la seconde section et de la troisième. On donne une profondeur de quelques centimètres seulement, au point de départ, et on l'augmente progressivement, de manière à arriver, à la limite de la seconde partie et de la première, à la profondeur définitive. Sur une longueur de 50, 60, 80 ou 100 mètres, suivant la pente du terrain, on obtient ainsi une tranchée, creusée, en moyenne, à 0,70 au plus, et pour laquelle il n'y a pas à craindre d'éboulements, pourvu que le sous-sol présente quelque consistance. On continue, dans la première partie, en allant à la profondeur déterminée; on place les tuyaux, on les recouvre de 0^m 20 à 0^m 25 de terre, et l'on n'a plus nulle crainte à concevoir sur l'effet des pluies qui pourraient survenir, avant le remplissage définitif. Même travail s'exécute sur la troisième partie, en remontant vers la seconde. Dans le cas où les eaux de la partie supérieure gêneraient les ouvriers, un petit barrage les forcerait de s'écouler à droite ou à gauche. Ainsi se trouve heureusement vaincue une des grandes difficultés du drainage, l'obligation imposée précédemment, de creuser d'abord les collecteurs et de commencer les travaux par la partie la plus basse.

La figure 9, d'autre part, indique exactement la coupe d'un drain creusé par application de ce système. Elle servira à faire aisément comprendre l'explication qui précède.

On apprécie moins l'importance de ce nouveau mode d'opérer, quand on creuse des drains à une profondeur qui varie entre 0^m 70 et 1^m 20 : mais, pour peu que

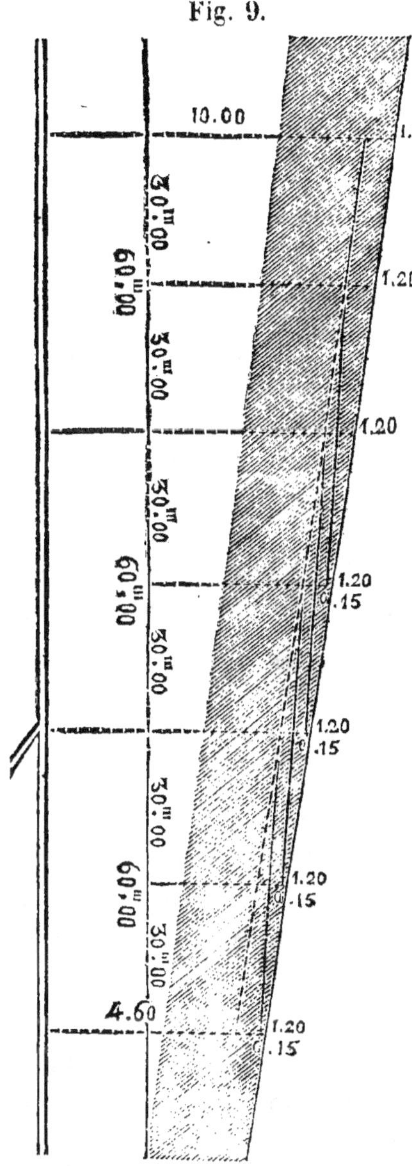

l'on reconnaisse, avec nous, que la question d'espacement a fait un grand pas; qu'elle est liée intimement à celle de la profondeur, on sera immédiatement fixé sur la nécessité de recourir à un système de nature à rendre les éboulements très-rares, pour ne pas dire impossibles.

Nous avons creusé, dans le parc de M. de Mouchy, des tranchées à 1^m 90 de profondeur, dans des terres de rapport, et nous avons pu y placer des tuyaux, sans avoir d'éboulements considérables à relever, circonstance très-heureuse qui n'a été que le résultat de l'application de notre système d'*à-dents* ou *redents*.

On m'a dit qu'un niveau spécial était indispensable pour constater la parfaite régularité de la pente; que des pentes brisées pouvaient produire de fâcheux effets, contribuer, par exemple, à l'engorgement assez prompt des tuyaux. J'ai écouté, religieusement, cet exposé d'une doctrine théorique consciencieuse ; mais, je ne m'en suis pas occupé sérieusement, parce qu'il est de toute impossibilité que l'on donne, partout et toujours, au fond du drain, une régularité mathématique. Ce n'est, très-certainement, qu'une rare exception.

J'ai fait et vu beaucoup drainer, et j'avoue n'avoir rencontré nulle part des draineurs plus soigneux que les nôtres. Cependant, nous n'employons de nivelettes que dans des cas extrêmement *rares* ; de niveaux de drainage spéciaux, jamais.

La nécessité de diviser nos drains en sections, est l'obstacle le plus sérieux au nivellement *régulier, absolu du fond*. Que si, on considérait mon système comme une innovation sans importance, je répondrais que les éboulements dans un drain d'une certaine longueur, creusé dans la plupart des terrains, ne permettraient pas l'emploi d'un niveau de fond, une fois sur dix.

Quand on draine une pièce enclavée dans des terres humides, froides, grasses ou fortes, il est indispensable d'isoler complètement cette pièce, au moyen d'un fossé de ceinture. Si l'on n'agissait pas ainsi, le terrain drainé recevrait les eaux provenant des propriétés voisines, et resterait tout aussi humide qu'auparavant, par suite de l'équilibre qui tend naturellement à s'établir dans toutes les parties d'un corps homogène, soit au point de vue du calorique, soit au point de vue de l'humidité. Une fois la séparation matérielle opérée, jusqu'à une certaine profondeur, chaque partie de terrain reste dans les conditions particulières où l'ont placée les travaux de drainage.

En effet, que, par un moyen quelconque, l'on rende parfaitement sèche une partie d'une pièce de **toile** ou d'étoffe quelconque; que le moyen qui a permis d'isoler complètement cette partie devenue sèche, **cesse** d'agir, l'équilibre tend à se rétablir immédiatement, et se rétablira bientôt entre toutes les parties de la pièce, c'est-à-dire, que l'humidité gagnera le coin devenu sec, dans un temps plus ou moins long, mais assez **court** pour rendre sans effet, dans la pratique, l'assèchement ou le séchage obtenu difficilement.

CHAPITRE IX.

POSE DES TUYAUX.

La pose des tuyaux ne présente pas de grandes **difficultés**, et cependant, deux hommes sur cent, seulement, sont aptes à ce genre de travail.

Avant de poser, le contre-maître doit tasser le **fond** des drains ou confier ce soin à un autre lui-même. Il donne, en même temps, des ordres pour qu'un jeune homme, dont la présence dans un atelier est **toujours** nécessaire, range le long des drains, des tuyaux, **et,** suivant le cas, ou des manchons, ou des demi-manchons, ou des éclats de tuiles, ou des pierres. Un **quatrième** ouvrier suit, par derrière, avec la pince fig. **10,** pour placer ou les pierres, ou les manchons, ou les demi-manchons, ou les éclats de tuiles, à la jonction des tuyaux ; un cinquième jette, avec précaution, quelques pelletées de terre, sur les recouvrements, afin de les *assurer;* un sixième complète le remblai de la tranchée,

Fig. 10.

sur une hauteur de 0,25 à 0,30, et un septième tasse les terres, soit avec un pilon, soit avec un cylindre légèrement concave en dessous.

Ces opérations se font, en même temps, si l'on a un nombre suffisant d'hommes intelligents. Le premier tasse, le jeune homme dispose les tuyaux, en restant toujours à quelque distance du *poseur*, afin de pouvoir donner à ce dernier les instruments dont il se trouverait avoir besoin pour *assurer* les tuyaux et les placer suivant une direction et une pente aussi régulières que possible. Le reste de l'opération s'exécute comme je l'ai indiqué précédemment. Quand on n'a pas assez d'ouvriers pour agir avec cet ensemble si désirable, on fait ce que l'on peut, *le mieux que l'on peut*, en suivant la marche que j'ai tracée.

Fig. 11.

Les tuyaux doivent être à peu près juxta-posés. Les rugosités ou rides des extrémités suffisent pour former les vides nécessaires à *la prise* des eaux, par distance de trente-quatre à trente-quatre centimètres et demi, longueur des tuyaux que nous fabriquons.

L'instrument, fig. 11, que nous employons pour la pose des tuyaux, permet d'en placer de toute grandeur ; le fort collet sert plus spécialement pour les manchons que l'on pose en même temps que les tuyaux. Chaque tuyau de la rangée disposée le long des drains, est revêtu de son manchon, et le contre-maître pose, chaque fois, un tuyau et un manchon, en introduisant l'extrémité du tuyau, restée libre, dans le manchon qui recouvre le tuyau précédent, de manière à ce que le point de jonction se **trouve** précisément au milieu de chaque manchon, fig. 12 et 13.

Fig. 12.

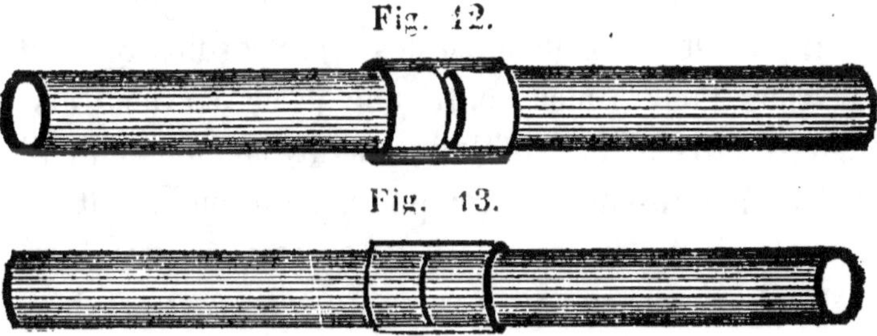

Fig. 13.

On a paru se préoccuper de la question de savoir s'il valait mieux remplir avec les terres provenant du fond, qu'avec celles provenant de la partie haute des parois. Quelques draineurs ont même pris la précaution de faire choisir la terre la plus argileuse pour former la première couche des remblais. Nous dirons, à cet égard, que, sauf le cas indiqué à la page 70 , il n'y a aucun motif sérieux de faire une distinction entre l'argile ordinaire et l'argile plastique, entre l'humus et toute autre terre que l'on peut rencontrer.

Toutefois, je me garderai toujours, avec soin, de faire tasser fortement l'argile plastique, quand je ne pourrai employer d'autre terre au remplissage du fond de la tranchée. Ma raison, la voici :

L'argile plastique, tirant son nom de sa nature de pâte tenace, il est très-évident que si elle est très-fortement pressée, elle prendra assez exactement la forme de la tranchée. Elle pourra donc pénétrer sur les côtés des tuyaux, *les envelopper*, pour ainsi dire, et, par cela même, empêcher les eaux, pendant quelque temps, d'arriver librement dans les tuyaux. Il est même permis d'assurer que l'eau restera stagnante, sur certains points, jusqu'au moment où l'air aura pu agir assez énergiquement pour opérer la décomposition de l'argile.

Il n'en sera jamais ainsi des terres ordinaires, et nos ouvriers l'ont si bien senti, que je ne parviendrais pas, malgré la confiance qu'ils me montrent, à obtenir d'eux, qu'en mon absence, le remplissage du fond se fît avec de l'argile plastique, comme nous en trouvons souvent.

Un bon ouvrier peut poser cinq cents tuyaux, dans une heure.

Nous employons, pour préparer les tuyaux d'embranchement, un tout petit instrument qui est fort simple et fort commode. C'est, tout bonnement, un marteau très-léger, en acier bien trempé, ayant la forme d'une tournée à pic, d'un côté, et à lame plate ou hachette, de l'autre.

Le pic ressemble au sommet d'une pyramide quadrangulaire allongée. On l'emploie à pratiquer de petits trous, dans la partie du tuyau collecteur, sur laquelle vient s'embrancher chaque drain ordinaire. La lame plate ou hachette, sert à terminer l'ouverture ou à préparer le tuyau ordinaire, de manière à ce qu'il s'adapte, aussi exactement que possible, avec le collecteur.

Au-dessus, on place des tuileaux ou des fragments de tuiles ou de cailloux, de manière à prévenir les engorgements.

Pour ne perdre que peu de temps à casser un assez grand nombre de tuyaux, il faut agir avec beaucoup de précaution.

Dans les fabriques bien dirigées, les gros tuyaux sont *éventrés,* pour les embranchements, avant la cuisson, ce qui est excessivement simple, puisqu'il suffit de pratiquer vers le milieu, dans les uns, aux deux tiers dans les autres, dans le sens de la longueur, une ouverture ovoïde, à l'aide d'un couteau.

De petits et de moyens tuyaux sont également préparés dans ce but, mais d'une manière tout naturellement différente. On coupe, en effet, en bec de flûte, une des extrémités ou même les deux, encore bien qu'une seule doive servir à la fois ; mais comme les bouts d'embranchement n'exigent pas ordinairement une grande longueur, un tuyau divisé en deux suffit pour deux drains.

Des tuyaux ainsi préparés demandent fort peu de temps, sur le terrain, pour être convenablement placés.

CHAPITRE X.

CUISSON DES TUYAUX, IMPORTANCE DE CETTE OPÉRATION.

La cuisson des tuyaux est une chose fort importante; nulle part on n'y fait assez d'attention. Aussi, est-il à craindre que, dans quelques années, des terres drainées avec les tuyaux livrés par beaucoup de fabricants, ne se trouvent presque aussi humides qu'avant l'opération.

Si cette opinion est partagée par plusieurs personnes qui s'occupent sérieusement de la question, j'ajouterai que le doute n'est pas permis, en présence de l'état dans lequel nous avons vu des tuyaux d'embouchure, décomposés, un an seulement, après l'achèvement des travaux.

L'on peut dire, pour repousser la crainte que mon assertion doit tout naturellement faire naître, que les tuyaux posés dans l'intérieur d'un drain, ne seront pas exposés à se décomposer comme ceux qui se trouveront à l'extrémité. Nul ne contestera ce fait; mais, nul ne contestera non plus que des objets d'argile mal cuits, placés en terre de manière à subir alternativement les influences de l'humidité et de l'air, se décomposent très-promptement.

Je redoute tellement, pour l'avenir, les suites de l'emploi des tuyaux mal cuits, que je préférerais, de beaucoup, l'ancien système de fascines ou de pierrailles, bien appliqué, au système actuel, avec des tuyaux comme j'en ai vu, sur cinq ou six points différents, en France et en Belgique.

Dans la Seine-Inférieure, des propriétaires qui ont drainé, il y a quelques années, avec des tuyaux mal cuits, ont reconnu tout récemment qu'ils ne fonctionnaient plus. Les travaux ont dû être recommencés.

Presque nulle part on ne broie suffisamment la terre ; rarement, le mélange est assez intime. On le voit, à la cassure de tuyaux qui offre des teintes variées, tandis que la couleur doit en être uniforme : blanche, quand l'argile est pure ; rouge, quand elle contient de l'oxide de fer.

D'un côté, on veut beaucoup gagner ; mais, pour cela, il faut beaucoup produire, et produire vite. Or, toutes ces conditions sont incompatibles avec la bonne confection.

D'un autre côté, on tient à dépenser peu, et on demande du bon marché. On se préoccupe moins de la qualité que de la quantité. Aussi, est-on mal servi, parce que tout concourt au même but. Il y a même des partisans sérieux du drainage qui, sans le vouloir, en compromettent le succès, en cherchant à se procurer des tuyaux à bas prix, sans avoir égard à la qualité. Je désire que mes observations fixent l'attention des cultivateurs, en les mettant en garde contre un des principaux écueils que présente l'application du drainage.

CHAPITRE XI.

MOYENS DE RÉDUIRE LA DÉPENSE D'EXÉCUTION.

Dans les terrains qui le permettent, c'est-à-dire, quand le sol n'est pas trop humide, au moment où l'on commence les travaux, pour que les chevaux puissent y marcher attelés, il y a un immense avantage, au point de vue de la dépense et sous le rapport de la prompte exécution des travaux, à ouvrir les tranchées à la charrue.

Avec une charrue ordinaire, on trace d'abord, suivant des lignes jalonnées à l'avance, des sillons qui détermi-

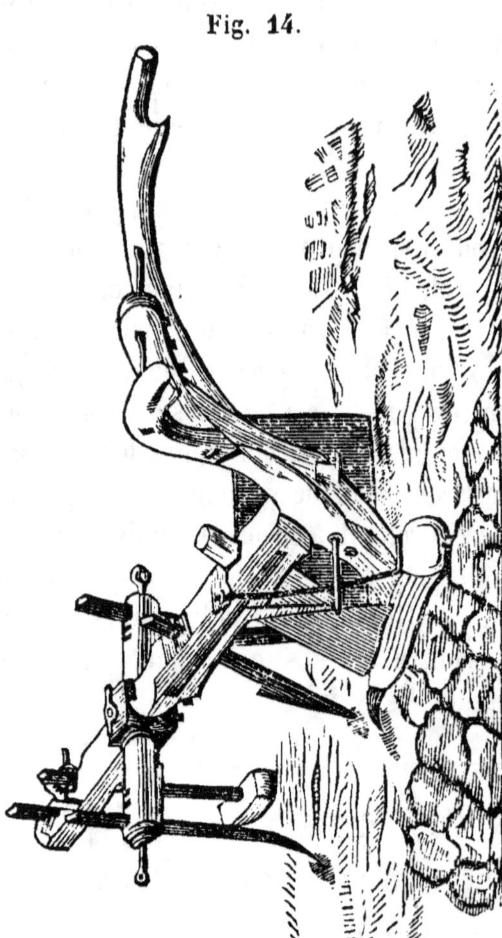

Fig. 14.

nent exactement la direction des tranchées ; puis, avec la charrue à double-versoir fixe, fig. 14, armée de trois coutres dont deux sont mobiles et s'espacent à volonté, suivant la dimension que l'on veut donner aux tranchées, on les ouvre à une aussi grande largeur qu'on le désire et à une profondeur de 0,30 à 0,35. Plus la force de traction a de puissance, plus grande est la profondeur. On comprend aisément que la nature du sol influe beaucoup sur cette dimension. Si

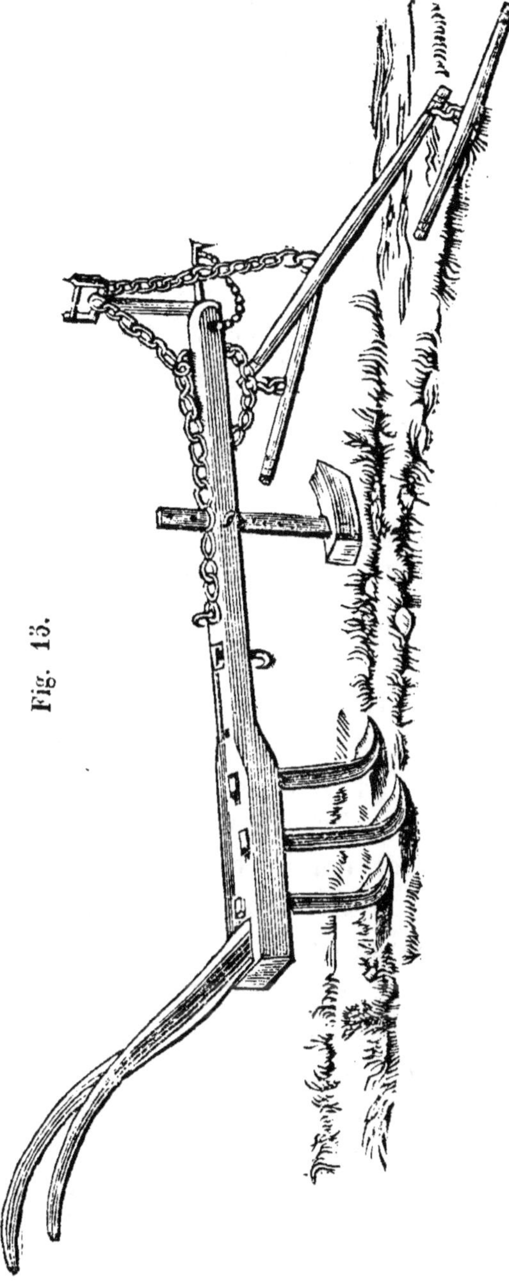

Fig. 13.

la profondeur des drains doit être de 1^{m}75, *notre maximum*, on ne peut donner moins de 0,65 à l'ouverture des tranchées ; si l'on veut se contenter de 1,20, 0,45 suffiront ; de 1,20 à 0,70, on n'a besoin que 0,35 à 0,45. Ce qu'il faut obtenir, c'est qu'un homme, d'une grosseur ordinaire, puisse travailler au creusement du drain, sans être gêné. Une fois les fossés ouverts à la largeur que l'on juge nécessaire, on vide le sillon, en rejetant les terres à 0,25 au moins du bord des drains, afin de ne pas occasionner d'éboulements par une charge trop rapprochée de la tranchée. On se sert ensuite de la fouilleuse, fig. 15, dont le point d'attache se relève à volonté, de manière à empêcher la volée de traîner sur les terres provenant du creusement des drains, et qui peut aller à 0,60 de profondeur, au moins, dans les terrains d'une consistance ordinaire. Après l'enlèvement des terres ameublies, les ouvriers draineurs n'ont plus à creuser qu'à une profondeur de 0,70 à 1,15, pour atteindre notre maximum de 1,75.

On remarquera que, plus on relève le point d'attache, plus on se rapproche de la direction naturelle de la traction, ce qui permet d'obtenir plus d'effet, avec la même force, ou de réduire la force, pour obtenir le même effet.

Dans une journée, une charrue attelée de six chevaux peut creuser 5,000 mètres courants de tranchées, à 0ᵐ 65 de profondeur, et, comme dans les cas ordinaires, un espacement de 15 mètres suffit, cette longueur représente près de sept hectares. En évaluant la journée de six chevaux, celle de l'homme qui les conduit et de celui qui tient la charrue, à 30 fr., ce sera une dépense de 4 fr. 50 par hectare ; si on y ajoute 0 fr. 025 pour relever une partie des terres et pour donner une forme régulière à la tranchée, nous aurons à payer, en sus de la somme de 4 fr. 50, ci. 4ᶠ 50ᶜ

ce que coûtera ce travail, ci. 16 50

En comptant ensuite 0,06 pour terminer les drains, ce qui donne, ci. 45 00

Nous aurons pour dépense totale. . . 66 00

En y ajoutant : 1º la valeur de 2,200 tuyaux que je porterai à 70 fr., tout compris, ci.. . . . . . 70 00

2º La pose et le remplissage d'après les moyens ordinaires, ci 22 50

3º La valeur des tuileaux, ci 3 00

Nous trouvons une dépense, par hectare, de 161 50

Et, avec dix hommes laborieux, bien conduits, on drainera *quinze hectares, dans trente jours.*

Si on porte l'espacement à 20 mètres, il y aura réduction de 25 p. 100 ; si on va jusqu'à 30 mètres, on n'aura plus à compter que 50 p. 100 de la dépense ordinaire, et comme ce cas est souvent applicable, les opérations de drainage, même dans les moyennes exploitations, reviendront à fort bon marché, si la fouille est facile.

La fouilleuse, dont nous faisons usage, peut servir à deux fins. On l'emploie pour le drainage et pour le labour. Dans le premier cas, le croc d'attelage est placé en dessous de l'âge ; dans le second, il est attaché en dessus. Du jour où elle sera employée au labourage, on n'aura plus à craindre, pour les blés, les effets de la gelée, si, surtout, le drainage a été appliqué avant les labours.

CHAPITRE XII.

REMPLISSAGE DES DRAINS.

On a dit qu'il fallait, autant que possible, placer, d'un côté, les terres de la couche supérieure, et, de l'autre,

les terres provenant des parties inférieures des drains.
On s'est beaucoup préoccupé de cette question, et, à
mon avis, on a eu tort. En effet, je poserai, en principe,
que la terre de la plus mauvaise qualité deviendra bonne,
du moment où elle sera exposée aux influences atmosphériques, où elle sera fumée et cultivée avec soin;
mais, ma théorie, bouleversant complétement les idées
que se font, à cet égard, les cultivateurs les plus res-
pectables, pourra paraître hasardée; je vais indiquer les
bases sur lesquelles elle repose.

On creuse généralement les drains de 10 mètres à 20
mètres de distance, et les tranchées ont, en gueule, 0,50,
en moyenne. Eh bien! je le demande, quelle influence
peut exercer l'existence d'une couche de terre de qualité
inférieure, même dans la 30e partie de la superficie d'une
pièce de terre où il ne devra plus rester d'eaux stagnantes, cause principale toujours, seule cause, la plupart du
temps, de l'infertilité du sol? Nul ne pourra dire qu'il y
ait de craintes sérieuses à concevoir, sous ce rapport,
quand même on admettrait que le changement de nature
du terrain ne dût se faire, qu'après un délai de deux ou
trois années, par la raison que, ce laps de temps passé,
le sol, devenu bon partout, sera meilleur dans l'emplacement des drains que sur les autres points de la pièce
drainée, si la culture a été faite avec soin. *Avec de l'eau,
et du soleil*, dit le cultivateur intelligent, *je rendrai une
terre fertile*. Or, comme les terres remuées auront autant de soleil, et plus d'eau que les autres, on n'aura
pas à craindre qu'elles soient infertiles.

Je dirai plus, c'est que toutes les fois que la partie du
sous-sol qui avoisine l'humus, est composée soit d'argile

compacte, soit d'argile se rapprochant de la nature des glaises, il y a avantage à mêler, à cette terre, les parties siliceuses que l'on rencontre souvent à une certaine profondeur.

On peut très-bien ne pas s'astreindre, d'ailleurs, à jeter toutes les bonnes terres du même côté. En effet, en plaçant les terres de la couche végétale de chaque côté, en parties à peu près égales, on les retrouverait, en remplissant, pour la partie supérieure du drain. Dans quelques circonstances, on trouve, au fond des tranchées, à 1^m ou 1^m 10 du sol, des argiles effervescentes ou marneuses qui, épandues sur le sol, peuvent produire l'effet d'un marnage à petite dose. Il est bien évident que, dans ce cas, il y a avantage à ne pas rejeter au fond des drains, les terres qui en proviennent.

On reconnaît aisément l'existence de ces marnes, soit à la couleur, soit au peu de liaison des parties du terrain entre elles. Dans le doute, on peut en prendre des fragments, les faire fortement sécher et les éprouver au moyen de l'acide azotique. Si elles font effervescence, c'est qu'elles sont marneuses.

Le remplissage s'effectue au moyen d'une houe à dents, fig. 16, très-facilement et très-promptement, pourvu que l'on attende que les terres soient délitées, désagrégées et ameublies. Un homme habitué à ces sortes de travaux peut, dans de telles conditions, remplir 200 mètres courants dans une journée. J'ai fait, il y a fort peu de temps, une expérience qui ne permet aucun doute à cet égard.

Fig. 16.

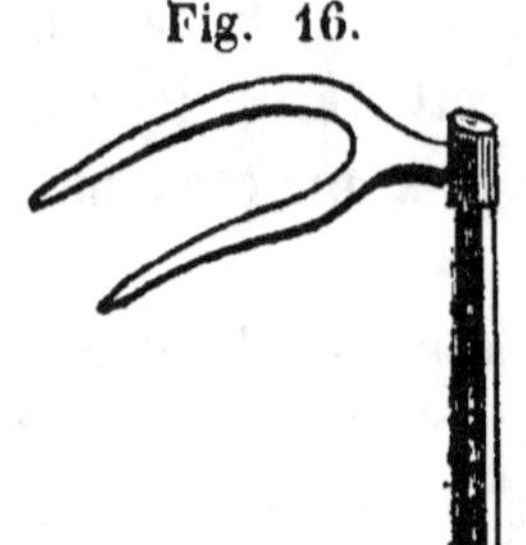

J'avais un atelier de vingt et un hommes que j'ai surveillés et dirigés moi-même. En huit heures de travail, ils ont rempli 3,194 mètres courants de tranchées. Il m'est donc démontré, jusqu'à la plus complète évidence, que, dans une opération de drainage bien conduite, trois hommes rempliront sans peine, dans les derniers jours de février, mais plutôt encore dans le courant de mars, 600 mètres courants de drains, dans une journée, en admettant même une profondeur de 1^m 20 à 1^m 25.

Il est bien entendu que pour des profondeurs de 0^m 90 à 1^m 00, on ferait beaucoup plus; et beaucoup moins, si les tranchées étaient creusées à 1^m 60.

Il n'y a pas à tenir compte de la nature de la terre, je le répète; la plus compacte doit devenir aussi meuble que la plus légère. Ce qu'il y a à faire, c'est d'attendre le moment opportun. Or, ce moment dépend presque toujours de l'époque à laquelle les travaux ont été commencés. Il faut donc savoir la choisir. Eh bien! les expériences que j'ai faites m'ont amené à poser ce principe : *Quand les terres à drainer sont très-compactes, il faut entamer l'opération en automne, la continuer pendant l'hiver, et ne remplir définitivement les tranchées que la veille du jour où les labours du printemps doivent commencer.*

Si on remplissait au fur à mesure, si on rejetait dans les drains les terres saturées d'eau, on s'exposerait à de *très-graves inconvénients*, en ce sens que les tuyaux pourraient se trouver engorgés par l'espèce de *boue liquide* produite par l'argile fortement détrempée, et, qu'en outre, les terres de remblai pourraient durcir et former, avec les parties inférieures des parois, un tout assez compacte pour retarder l'effet du drainage, et, quelquefois même, pour le rendre moins complet.

La précipitation en tout, est chose très-nuisible, mais, principalement, en fait de drainage. Malheureusement, on ne le comprend pas assez ; on n'attache pas assez d'importance à cette opération qui doit avoir une si longue durée et qui doit produire de si heureux résultats. On se presse, on cherche à épargner 15 fr., 20 fr. ou 30 fr. par hectare, sans réfléchir que, la plupart du temps, c'est précisément le désir de faire cette économie, qui compromet les effets d'une opération qui eût pu rapporter 25 pour 100 des dépenses.

J'ai vu des travaux exécutés par des propriétaires eux-mêmes, et qui, à la vérité, coûtaient peu : mais, ils valaient encore moins qu'ils n'avaient coûté. On me disait tout naïvement : *C'est chose fort singulière ; mes tuyaux ne donnent jamais, et ma terre est toujours humide ; l'eau reste à la surface ;* et on ajoutait : *Le drainage n'est donc pas toujours efficace ?*

Évidemment, non, le drainage n'est pas toujours efficace ; car il est souvent mal fait.

Mais, revenons au remplissage.

Cette opération, avons-nous dit, s'exécuterait aisément en temps opportun ; elle présenterait, au contraire, de grandes difficultés, si l'on s'en occupait sans attendre le délitement des terres ; mais, ce n'est pas exclusivement à ce point de vue, qu'il importe de laisser, pendant le plus longtemps possible, les drains remplis comme nous l'avons déjà indiqué, sur 0,25 à 0,30 de hauteur seulement. Si les terres enlevées des tranchées se délitent, se désagrègent et s'ameublissent, en restant exposées à l'action des influences atmosphériques, pendant longtemps, les parois des tranchées subissent très-promptement le même changement. Les pores se vident, c'est-à-dire, que l'eau disparaît sur une assez grande étendue ; l'air, qui la remplace, produit les effets que nous avons signalés, en disposant, de proche en proche, le terrain le plus compacte, à profiter successivement e l'influence de l'eau et de l'air qui circulent alors en tous sens, en donnant une nouvelle vie au sol.

Mais, le remplissage pourrait présenter des difficultés, au point de vue de la durée de l'opération, si l'on ne s'en occupait que longtemps après l'exécution des travaux, par la raison que l'on n'aurait peut-être plus assez d'ouvriers à sa disposition. Aussi, avons-nous cherché et avons-nous été assez heureux pour trouver un moyen d'effectuer cette opération, très-vite et à bon marché. Ce moyen consiste dans l'emploi de la herse dite *ancre à remplir*, fig. 17. Armée à l'avant, et de chaque côté, de quatre dents d'extirpateur, elle divise d'abord les terres que les dents placées sur deux rangs, à l'arrière, rejettent ensuite dans les drains. Les roues de l'arrière sont à crémaillères : elles se relèvent à volonté. Les crémaillères

Fig. 17.

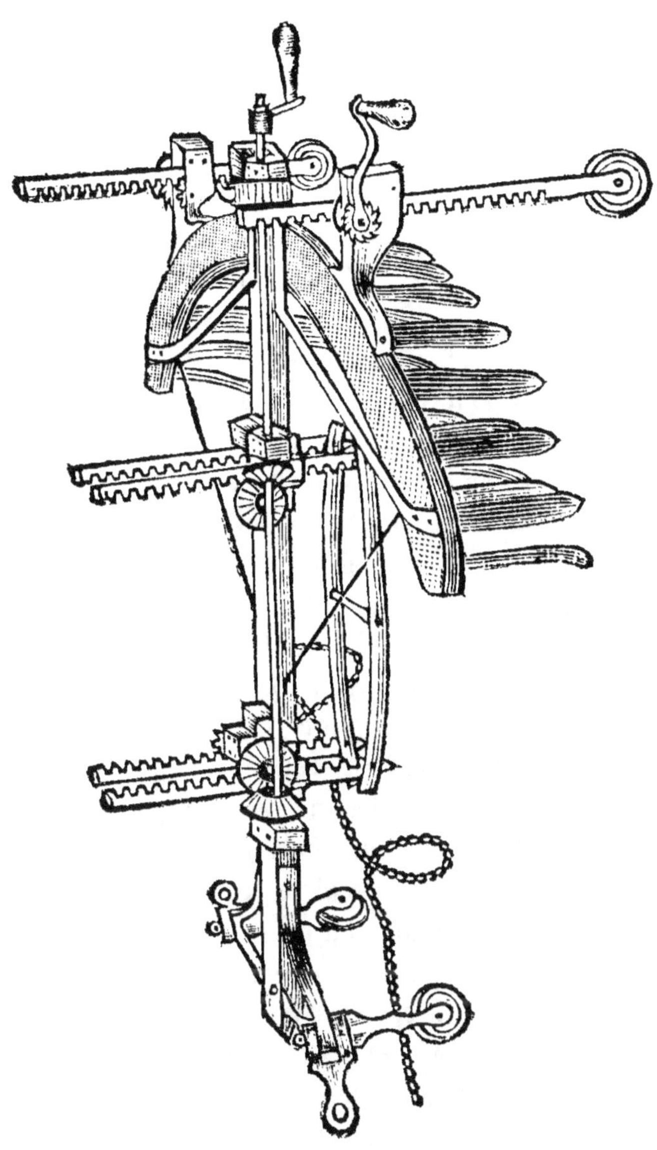

servent donc de régulateurs pour *l'entrure*. Un guide
composé d'un cadre mobile, en fer, attenant à l'âge, se

levant et s'abaissant à volonté, au moyen d'un engrenage, sert à maintenir la herse dans la direction de la force de traction.

Le système d'engrenage, est composé de quatre roues mises en mouvement par un arbre de couche, avec manivelle à l'arrière, agissant par deux roues en coin, sur deux autres roues de même forme, qui s'engrènent dans les rochets du guide et font remonter ou descendre les crémaillères avec la plus grande facilité, sans qu'il soit nécessaire d'arrêter les chevaux. Les roues d'avant sont assez hautes pour donner les moyens de faire *mordre* la machine suffisamment. Les dents sont disposées de manière à ramener le plus de terre possible dans les tranchées.

Dans le cas où les branches formeraient un arc de cercle, les dents devraient être placées de telle sorte qu'une ligne qui les diviserait en deux parties égales, dans le sens vertical, fût la base d'un secteur dont le sommet serait le centre du cercle.

L'essieu d'avant, est coudé de manière à ne pas traîner sur les terres destinées au remplissage. Quand, eu égard à la profondeur que l'on a dû donner aux tranchées, la hauteur de ces terres ne permet pas à l'essieu de passer sans *traîner*, on les écrète et elles servent à recouvrir les tuyaux sur une hauteur de 0,25 à 0,30. Pour assurer le succès des travaux, on pilonne ensuite le remblai avec force et avec précaution, afin de prévenir les engorgements que déterminerait l'effet des grandes pluies qui pourraient survenir, avant le remplissage complet de la tranchée.

Si, à une époque plus ou moins éloignée de l'achévement de l'opération, on voyait couler l'eau *trouble*, il faudrait profiter d'un jour de beau temps, et, le plan à la main, parcourir le terrain, dans le sens des drains, afin de s'assurer s'il n'existerait pas de parties *mouillantes* et des affaissements trop marqués.

Dans l'un et l'autre cas, on sonderait pour reconnaître la cause de l'effet que l'on aurait constaté, et l'on réparerait, sans difficulté, comme nous le dirons tout-à-l'heure, l'accident survenu.

Nous avons le plus grand soin de recommander à nos ouvriers chargés du premier remplissage, de toujours faire cette opération en remontant.

Plus la pente du terrain est forte, plus cette précaution est utile. En effet, les terres tendant naturellement à glisser, si le plan sur lequel on les jette est incliné, il arrivera toujours, si l'on n'y prend garde, que les pierres, les éclats de tuileaux et même les demi-manchons, — qu'il faut employer pour couvrir les interstices, — suivant le mouvement des terres, se déplaceront et rendront, par cela même, l'engorgement des tuyaux possible.

Dans quelques contrées, mes recommandations à cet égard, paraîtront inutiles, par la raison que l'on n'y emploie ni tuileaux, ni demi-manchons ; mais, je considère comme *très-mauvaise*, une opération faite d'après ce système qui, à mon avis, n'offre aucune garantie de succès. — Des draineurs fort instruits et fort zélés, nous ont fait l'aveu que l'eau coule toujours *trouble* dans des drains où les interstices des tuyaux n'ont pas été recouverts, et que le terrain ne s'assainit pas complétement.

CHAPITRE XIII.

TERRAINS INFESTÉS DE SOURCES.

Au début de nos opérations, nous avons eu à drainer précisément un terrain infesté de sources, et nous n'avons pas parfaitement réussi à assainir complétement les parties de ce terrain où se trouvaient ces sources, parce que nos ouvriers, peu habitués aux travaux de drainage, avaient cru inutile de prendre les *minutieuses* précautions que nous leur avions indiquées.

Aujourd'hui, les huit contre-maîtres que j'ai été assez heureux de former, drainent, sans conserver la moindre incertitude sur les résultats, les prairies dans lesquelles existent des sources en plus ou moins grande quantité.

Il y a différentes manières de procéder, par la raison toute simple qu'il y a peu de terrains de même nature ; mais qui peut plus, peut moins. Je parlerai donc plus spécialement des moyens que nous avons employés et qui ont produit de très-bons résultats, dans des terres tourbeuses, dans des terrains à sous-sol presque liquide et dans des sables mouvants

Les travaux à exécuter, dans les trois cas, sont absolument les mêmes, ou, du moins, nous avons agi d'une manière tout-à-fait identique, dans les circonstances où nous avons trouvé ces terrains, et jamais nous n'avons manqué le but. La seule différence, dans les moyens employés, a consisté tout simplement dans le plus ou le

moins de profondeur que nous avons dû donner à l'espèce de puisard que nous avons fait creuser, chaque
fois, en aval de la naissance de la source ou des sources.
Cette profondeur, on le comprend, doit varier suivant
celle du *jet* principal de chaque source. Ce qu'il y a d'important, c'est que l'eau puisse toujours sourdre très-
librement et s'écouler de même.

Après avoir fait ouvrir un évacuateur, lequel peut
être ou un drain ordinaire, ou un collecteur, on y amène
les eaux de chaque source, au moyen d'un fossé provisoire. Puis, immédiatement en aval de la naissance des
sources, on creuse une espèce de puisard d'une dimension en rapport avec la quantité d'eau à évacuer, et d'une
profondeur suffisante pour, je le répète, que l'écoulement
soit toujours aussi facile que possible. On ouvre, en
même temps, le drain définitif qui doit recevoir les eaux
de la source et les conduire dans le collecteur.

Au fond de chaque puisard d'une forme rectangulaire,
lequel fait partie intégrante de l'évacuateur, on place une,
deux ou trois fascines de menu bois, fortement serrées et
reliées entre elles. Au-dessus, on dépose une couche soit
de cailloux, soit de gravier, soit de scories, d'une épaisseur
en rapport avec la profondeur du puisard, mais telle que,
prenant naissance à $0,70^c$ au moins, au-dessous des
tuyaux, elle arrive à $0^m 20$ ou $0^m 25$ au-dessus; on la
recouvre ensuite de fascines disposées comme celles du
fond, et on opère le remplissage du reste de la tranchée
comme on le fait pour les drains ordinaires. Quand cette
opération est terminée, on met le puisard en communication avec les sources, on remplit le fossé provisoire et
l'emplacement même de chaque source, en plaçant, au-

dessous des terres, un lit de fascines et de cailloux, d'une hauteur suffisante.

La figure 1, planche II, indique la coupe de la source située en amont du puisard B ; la figure 2 représente le même terrain, après l'exécution des travaux, — le fascinage, l'empierrement, le placement des tuyaux et le remplissage. — La figure 3 donne l'idée exacte d'une opération semblable. — Il y a aussi des sources aux points A, C.

Les détails dans lesquels j'ai dû entrer sont peut-être trop longs ; mais les travaux à exécuter n'offrent aucune difficulté et ne peuvent jamais coûter cher. Je ne pense pas que chaque puisard coûte jamais plus de 3 fr. dans les conditions ordinaires. En admettant qu'il fût nécessaire d'en établir dix dans un hectare, ce qui serait une exception très-rare, le prix de revient ne serait encore, pour cet objet, que de 30 fr. C'est, comme on le voit, un chiffre peu élevé. Nous avons rempli des sources d'une surface de dix à douze mètres carrés ; on comprend que, dans de semblables conditions, on ait dépensé plus de 3 fr. ; mais, en définitive, le terrain rendu cultivable à l'emplacement de ces sources, est aujourd'hui d'une valeur bien supérieure à la dépense que l'on a faite pour les supprimer.

Nous avons appliqué ce système :

1° Dans le pré Haré, situé à Noailles, et appartenant à Mme la duchesse de Mouchy ;

2° Dans les prés de Courtieux, près Chaumont-en-Vexin, appartenant à M. le marquis de Saint-Clou ;

3° Dans un pré situé à Buicourt, près Songeons, propriété que j'ai louée tout exprès pour y faire des expériences et prêcher ainsi d'exemple.

Eh bien ! nous avons réussi complétement sur les trois points, tandis qu'au bois de Cailly, près Gournay-en-Bray, dans la partie de pièce que nous avons drainée, et qui se trouvait exactement dans les mêmes conditions que le terrain que je viens de désigner, le résultat obtenu a laissé d'abord à désirer, parce que, ainsi que je le disais en commençant, nos ouvriers ont négligé, au début, de prendre les précautions que j'avais dû leur recommander.

Dans les terrains ordinaires, c'est-à-dire, qui n'offrent aucune des difficultés que l'on rencontre dans les trois cas que nous avons examinés, il est inutile, quand on trouve des sources, d'employer des fascines. Ainsi, à Bornel, près Chambly, dans une pièce appartenant à M. le comte de Kergorlay, et exploitée par un intelligent cultivateur, M. Durand, nous avons obtenu d'excellents résultats sans employer autre chose que des silex de la craie. Il est bien évident, toutefois, que les fascines ne pourraient jamais nuire.

CHAPITRE XIV.

OBSTRUCTIONS, ENGORGEMENTS DES TUYAUX; ENCROU-TEMENTS OU CONCRÉTIONS; RACINES QUI SONT DE NATURE A NUIRE A L'ÉCOULEMENT DES EAUX DU DRAINAGE.

De ce qui précède on peut tirer des enseignements, pour combattre, avec quelques chances de succès, la formation de concrétions calcaires ou ferrugineuses dues, le plus souvent, à l'existence des sources qui se trouvent dans les terrains auxquels on applique le drainage, ou du moins, à l'abondance des eaux retenues inertes pendant de longues années, dans les terrains ferrugineux ou calcarifères. Comme elles ont tout naturellement détrempé le sol, elles ont dû nécessairement dissoudre ou enlever les particules minérales dont elles se sont saturées ou chargées lentement, qu'elles tiennent dès-lors en dissolution ou en suspension ; mais, ces matières, une fois les travaux de drainage effectués, s'introduisent dans les tuyaux en même temps que l'eau, et au contact de l'air forment, l'une — le protoxide de fer — le péroxide insoluble dans l'eau ; l'autre — l'acide carbonique — des concrétions du genre des stalagmites ou des stalactites.

Mais, si, sur une certaine longueur de drains, *ménagée aux points de départ*, c'est-à-dire, où les eaux se trouvent plus abondantes ou plus saturées de protoxide de fer, par exemple, on applique le système que nous avons expérimenté avec succès, quand nous avons rencontré des sources, on doit arriver au même résultat, en prévenant, en tant que la puissance humaine permet de le faire, *toute cause* d'engorgement.

Les tuyaux placés ainsi, reçoivent l'eau débarrassée d'une grande partie des matières qu'elle pouvait tenir en dissolution, en sortant de la source.

On ne peut pas affirmer que cette eau ne finira pas, après un certain laps de temps, par remonter à la surface, eu égard à l'effet qu'elle doit produire dans le massif du puisard, et que j'exprimerai par les mots *oblitération, obstruction*, mots dont la véritable signification, dans le cas particulier dont il s'agit, n'échappera à personne; mais, il suffira toujours, dès qu'un effet de cette nature se remarquera, d'enlever les matériaux qui se trouveraient *enduits* soit de peroxide de fer, soit d'une autre matière quelconque, et de *desceller* ceux qui formeraient corps, par suite de concrétions siliceuses ou calcaires. Si les premières doivent être très-rares, les dernières se produiront très-certainement dans les terrains calcarifères. On remplacerait, par du gravier ou par des silex de la craie, ou encore par des scories, les matériaux qu'il ne serait plus possible d'employer de nouveau.

Cette opération est d'une extrême simplicité; elle ne peut jamais avoir pour résultat de faire arriver d'*eau* trouble dans les tuyaux, parce que l'enlèvement des matériaux à nettoyer et leur remplacement s'effectuent d'amont en aval, presque simultanément.

M. Zoéga, professeur de physique et de chimie à Beauvais, que j'ai consulté sur cette question, a eu la bonté de me dire ceci : « Le principe sur lequel vous vous appuyez
» est vrai, par la raison que l'eau des sources et des nappes
» souterraines, détermine, en s'écoulant, un afflux d'air à
» travers la couche de terrain placée au-dessus de cha-
» que empierrement avec ou sans fascines; cet effet amène
» le changement chimique que doivent subir les subs-
» tances solubles pour pouvoir déposer dans le massif du
» puisard, et rend ainsi les eaux aussi pures que possible.

» On ne connaît aujourd'hui aucun moyen purement
» chimique *pratique* propre à prévenir en grand la for-
» mation de dépôts, d'encroûtements ou de concrétions
» quelconques. Le procédé que vous indiquez me semble
» pouvoir mettre les draineurs à même d'obvier aux in-

» convénients graves qui résulteraient, pour l'agricul-
» ture, de l'impuissance radicale où elle se trouverait
» au sujet de l'engorgement des tuyaux. »

A part l'établissement des puisards, avec fascines et empierrement, faits d'après le procédé indiqué dans le chapitre précédent, qui est représenté par les fig. 2 et 3 de la planche II, à part, dis-je, l'application de ce système aux points où existent de véritables sources ou des nappes souterraines, il y a une précaution particulière à prendre, quand on opère, dans des terrains ferrugineux ou calcarifères, dans les sables mouvants et dans les terres à sous-sol boueux et liquide.

En tête de chaque ligne de tuyaux ou de chaque drain, il faut construire un puisard semblable, mais de moindre dimension.

On doit, dans les divers cas dont il s'agit, employer des demi-manchons couvrant exactement les parties supérieures des interstices des tuyaux, si petits qu'ils soient. Puis, les angles de raccordement doivent être très-aigus, les lignes d'axe des tranchées, très-droites. Dans le cas où l'on serait forcé de faire des courbes, il faudrait qu'elles fussent très-allongées. Toute ligne brisée, toute courbe brusque, tout embranchement à angle de plus de 45°, doit, à la longue, occasionner des dépôts.

Nous en avons fait l'expérience, à Noailles, dans un pré appartenant à Mme la duchesse de Mouchy.

Il faut, enfin, que les pentes soient le plus fortes possible, et qu'elles soient *régulières*.

Il y a, en outre, une considération très-importante à faire valoir, en faveur du drainage exécuté en plein hiver dans les terrains calcarifères ou ferrugineux.

L'abondance des eaux des pluies augmente généralement, à cette époque, le volume de celles qui se trouvent dans le sol, et par cela même, s'emparent d'une partie des matières que celles-ci tenaient seules en dissolution ou en suspension. La masse se trouve dès-lors relativement plus pure, l'écoulement d'un autre côté est beaucoup plus prompt : deux raisons qui ont pour effet de diminuer les causes d'engorgement.

En été, les eaux sont beaucoup moins abondantes qu'en hiver ; la quantité de protoxide de fer que contiennent souvent celles qui sont restées longtemps croupissantes, est parfois très-considérable. Les eaux coulent moins abondamment et moins longtemps : l'air se trouve beaucoup plus tôt en contact avec le protoxide qu'elles tiennent en dissolution et se change plus promptement par cela même en péroxide de fer insoluble.

Si la masse d'eau est incontestablement beaucoup plus considérable, dans tous les terrains, dans les saisons pluvieuses que pendant les mois de mai, juin, juillet, août, septembre et octobre ; si on en conclut, ce qui paraît rationnel, que, dans les terrains ferrugineux ou calcarifères, elles soient, à cette époque, moins saturées ou chargées de particules minérales, dans la même pièce placée exactement dans les mêmes conditions ; si, d'un autre côté, on réfléchit que, les eaux étant plus abondantes, il reste moins de vide dans les tuyaux, pour la circulation de l'air, pour la mise en contact du protoxide avec cet agent atmosphérique ; si, enfin, on partage notre opinion et celle des chimistes que nous avons consultés, à savoir que les eaux sont d'autant plus sursaturées ou fortement chargées de ces substances qu'elles sont restées plus longtemps croupissantes dans la terre, et qu'une fois un terrain assaini, une fois devenu poreux, les eaux qui le traverseront n'auront guère le temps de se saturer de protoxide de fer ou de carbonate de chaux, on reconnaîtra que le drainage, en hiver, dans les terrains ferrugineux ou calcaires, présente beaucoup plus de sécurité, au point de vue des *encroutements*, concrétions, engorgements, etc., qu'une opération de même nature effectuée en été.

C'est une ressource précieuse pour occuper les ouvriers, dans un moment où les travaux ordinaires manquent à peu près complétement. C'est un moyen de seconder les vues sages de la Providence dont les desseins sont admirables en tout.

CHAPITRE XV.

RÔLE QUE JOUE L'AIR DANS LES TERRES DRAINÉES.

On a contesté le rôle que joue l'air dans les terres drainées. Un heureux hasard est venu lever tous les doutes à cet égard et confirmer nos prévisions.

Les plus incrédules partageront notre opinion, sur ce point, après avoir lu ce qui suit :

DE L'INFLUENCE PHYSIQUE DE L'AIR SUR LE DRAINAGE.

Si l'existence d'un puisard, construit comme nous l'avons dit, détermine un afflux d'air qui concourt puissamment à la formation, dans le puisard même, du péroxide de fer ou du carbonate calcaire; si, par suite, les eaux ferrugineuses ou tenant en dissolution du carbonate calcaire, coulent plus pures dans les tuyaux , un autre effet tout aussi important résulte toujours du creusement des puisards en tête des collecteurs surtout. Cet effet n'est autre chose que la pression atmosphérique qui accélère notablement l'écoulement de l'eau, dans les grandes lignes de tuyaux que la résistance de l'air qu'ils ont reçu par les bouches de dégagement, pourrait empêcher de fonctionner.

Ces considérations ont trouvé des incrédules ; des hommes que nous aimons, que nous estimons, ont nié le rôle de l'air dans le drainage. L'ingénieuse machine de M. Eugène Risler, que nous avons placée sous les yeux de gens qui conservaient bien des préventions contre le drainage , et que nous avons mise à la disposition de plusieurs maires du département de l'Oise, cette ingénieuse machine , disons-nous, n'a même pu ramener à notre opinion quelques hommes fort instruits. Ils n'ont fait nulle difficulté de reconnaître que les pluies ont pour effet de renouveler l'air dans les terres drainées, mais là se sont arrêtées les concessions qu'ils ont cru pouvoir faire à ce sujet.

Je suis heureux de me trouver à même de constater, par des faits, que notre théorie , sur le rôle que joue l'air dans le drainage, n'est pas une hypothèse plus ou moins hasardée.

Au printemps de l'année 1853, le drainage d'une pièce de terre d'une contenance de 1 hectare 33 ares 70 cent. (planche II, fig. 4), située sur le territoire de Silly (Oise), au pied de la falaise méridionale du Bray, et appartenant à M. Mascré (François), propriétaire à Hénonville, près de Méru , fut exécuté d'après un projet préparé par nous.

La couche superficielle du terrain repose sur le gault, *blue-marle* des Anglais, argile qui donne naissance , dans la commune de Silly, à plusieurs sources , et entre autres à la petite rivière du Sillet, affluent du Thérain.

La pièce de terre à assainir, avait été sillonnée et entourée de fossés assez profonds, en vue d'en tirer quelque parti, mais, tous ces travaux n'avaient donné que de très-médiocres résultats, quoiqu'ils eussent cependant coûté fort cher.

Le drainage seul eut un merveilleux succès pendant quelque temps. Mais, les collecteurs qui avaient coulé à plein calibre, depuis la fin des travaux jusqu'au mois d'octobre, n'évacuaient plus à la fin de ce mois, qu'une faible quantité d'eau. On attribua d'abord ce résultat à une cause toute naturelle ; on se dit que le sol ne contenait plus que l'humidité qui lui était nécessaire. On tarda peu à se détromper, en remarquant que le terrain revenait à son état primitif, c'est-à-dire que, malgré le drainage, l'humidité était devenue si excessive que les ouvriers appelés pour défricher la pièce dont il s'agit, qui était restée infertile pendant si longtemps, furent obligés de cesser leurs travaux.

Le contre-maître, qui avait surveillé l'opération de drainage, fut chargé de visiter les lieux. A son arrivée sur le terrain, cet ouvrier reconnut, à son grand étonnement, que les collecteurs fonctionnaient parfaitement, qu'il n'y avait plus que très-peu d'eau sur quelques points bas de la surface du sol, et que les défricheurs avaient pu reprendre leurs travaux qu'ils exécutaient sans difficulté aucune.

Par quel heureux hasard ce fait si singulier s'était-il produit ? Nous ne pouvons l'attribuer qu'à l'heureuse idée qui est venue à l'un des ouvriers, de creuser sept trous de 0^m 50 à 0^m 60 de profondeur sur les collecteurs, puisqu'aussitôt que ces excavations ont été effectuées, les évacuateurs ont donné de l'eau en abondance.

Le même effet s'est produit sur un de nos chemins de moyenne communication, dans le mois d'avril 1856. Le cantonnier, qui avait remarqué que de deux tuyaux placés côte à côte, l'un coulait très-abondamment, l'autre point, fut très-tourmenté pendant deux jours que les choses restèrent dans le même état. Mais le troisième jour, les tuyaux coulaient uniformément.

Instruit aussitôt de cette circonstance, je chargeai un de mes collaborateurs les plus intelligents, M. Lallineur (Jules), de visiter les lieux et de m'adresser un rapport sur les causes probables auxquelles on pouvait attribuer les faits que je viens d'indiquer. Voici la note qui m'a été fournie et que je transcris textuellement, parce que je partage complétement l'opinion de mon collaborateur.

« L'air, par ses qualités chimiques et surtout par l'oxigène » qu'il contient, reçoit une application constante dans l'art agri-

» cole. Les labours, dont personne ne conteste la grande uti-
» lité, n'ont d'autre but que d'exposer la couche supérieure de
» la terre au contact de l'atmosphère, et de favoriser la pro-
» priété qui est reconnue à divers éléments constitutifs du sol,
» d'absorber les gaz ammoniacaux. Par ses propriétés physiques,
» il joue un rôle non moins important sur le drainage. En effet,
» lorsqu'un terrain humide est drainé, l'eau que ce terrain con-
» tient en excès, obéit non-seulement aux lois de la gravitation,
» mais encore à la pression que l'air exerce sur tous les corps,
» et qui tend, dans ce cas, à faire évacuer cette eau par les
» tuyaux placés au fond des drains. L'air prend ensuite la place
» du vide que l'humidité a laissé, dans les interstices du sol.
» Quand l'eau surabondante est ainsi enlevée, et quand il ne
» survient pas de pluies nouvelles, le sol est complétement as-
» saini et les drains ne peuvent plus donner d'eau, puisque le
» terrain ne contient plus que la dose d'humidité qui lui est
» nécessaire.

» L'air occupant le vide qui s'est opéré dans les tuyaux, il
» faut, pour le refouler, une certaine pression qui agisse plus
» ou moins vite suivant la nature du sol.

» Les eaux de pluie suffisent généralement pour amener le
» déplacement de l'air ; cet effet est plus ou moins prompt, toute-
» fois : mais il peut arriver qu'il se produise très-lentement, et
» même qu'il s'établisse un équilibre que les eaux seules ne
» puissent parvenir à détruire.

» C'est ce qui est arrivé à Silly et sur le chemin n° 34, c'est
» ce qui peut arriver pendant les premiers mois qui suivent
» l'opération ; dans quelques cas, surtout, à la suite de pluies
» battantes sur une terre dont le sol, fortement argileux, pré-
» sente une masse restée encore peu perméable, parce qu'elle
» n'a pas eu le temps de subir l'heureuse influence du drainage.
» Des ouvertures, pratiquées dans l'épiderme compacte du ter-
» rain, ayant pour résultat immédiat de former une résultante,
» composée de la pression atmosphérique et du poids de l'eau qui
» est restée dans le sol et sur le sol, dans un état d'inertie ou à-
» peu-près, la circulation de l'eau s'établit dans les tuyaux et le
» drainage fonctionne. Les ouvriers défricheurs, en creusant

» des trous sur un collecteur du drainage de Silly, ont donc fait
» disparaître, sans trop savoir pourquoi, la seule cause qui
» s'opposait à l'écoulement des eaux. »

Il arrive presque toujours, comme sur le n° 34, que sans l'intervention de l'homme, l'eau s'écoule après un temps d'arrêt. Mais, du moment où l'on sait que deux ou trois ouvertures pratiquées sur le collecteur principal, peuvent accélérer l'écoulement de l'eau, il est prudent d'avoir une espèce de ventouse en tête de chaque collecteur. Cette ventouse peut consister tout simplement en quelques tuyaux placés verticalement. Le puisard, dont il s'agit page 78, peut tenir lieu de ventouse.

On a beaucoup parlé de queues de renard, de racines d'arbres et de plantes; on a même affirmé que des drains s'étaient trouvés complétement obstrués par des racines de colza, qui avaient pénétré à 1^m 30 de profondeur.

Je ne dirai pas que des racines ne puissent obstruer, à la longue, quelques mètres de tuyaux; mais, ce ne seront point des racines de colza, plante annuelle, qui pourrissent et se décomposent immédiatement après la récolte : ce ne seront pas non plus, quoiqu'on ait paru le craindre, les racines de luzerne. Ces racines tracent, il est vrai, à une grande profondeur, mais, mourant au contact de l'eau, elles ne pourraient se développer dans les tuyaux, toujours destinés à évacuer au moins la surabondance des eaux de pluie, quand il n'existe pas de nappes souterraines dans le sol. Or, comme il pleut souvent, surtout en hiver, les racines de luzerne vivraient d'autant moins longtemps dans les drains, que l'humidité en attaquerait la partie extrême, c'est-à-dire, la partie la plus délicate, celle qui absorbe, pour donner au cœur de la plante, les sucs nourriciers nécessaires à son alimentation.

Les racines d'arbres, qui peuvent nuire sérieusement

à quelques parties de drain, sont principalement celles du frêne, de l'orme, du peuplier, et, en première ligne, de l'acacia; mais, il ne paraît pas possible que l'effet que pourrait produire une de ces racines, fût de nature à rendre le drainage inefficace.

M. le comte de Vigneral, dans un rapport qu'il vient de présenter à l'Académie nationale, sur les travaux de M. le marquis de Bryas, déclare, contrairement à l'avis émis par un certain nombre de personnes, que les racines de la vigne ne peuvent *jamais* obstruer les tuyaux.

J'admettrai, toutefois, qu'il puisse y avoir engorgement complet sur un point, et même sur une certaine étendue; mais, on me concédera que les eaux arrêtées, pour un instant, dans le tuyau obstrué, trouveraient bientôt leur écoulement de chaque côté et en-dessus. Si on niait cet effet, on nierait, en même temps, et, par cela même, les résultats du drainage, parce que, du moment où l'on poserait, en fait, que des *eaux retenues à cinq ou six mètres des drains*, ne parviendraient pas à s'écouler à travers un terrain qui toucherait immédiatement à un autre terrain dans lequel existerait un drain non obstrué, on ne serait pas fondé à admettre que, dans les grandes pluies, les eaux tombées à une distance égale des tranchées, pussent être évacuées au moyen de ces mêmes drains.

Une terre drainée devient bientôt poreuse; quand cet effet est produit, l'eau circule partout sans difficulté. Advienne un obstacle sur un point, il y aura évidemment retard dans l'écoulement; mais, ce retard ne pourra être sensiblement nuisible aux plantes, quand même, ce qui n'est pas admissible, cela arriverait de 100 mètres en 100 mètres, dans tous les drains à la fois.

CHAPITRE XVI.

EXAMEN DES DIFFÉRENTS SYSTÈMES DE DRAINAGE.

Entre le drainage, à ciel ouvert, et l'opération que nous pratiquons de nos jours, il y a une infinité de systèmes qui produisent plus ou moins de résultats, mais qui prouvent d'autant plus la nécessité de drainer, qu'ils sont plus nombreux.

Columelle, auteur agricole qui vivait sous le règne d'Auguste; Palladius, qui est venu longtemps après; notre célèbre Olivier de Serres et le capitaine Walther Blight qui donnait des conseils, au point de vue de l'assainissement des terres, au protecteur Cromwell, ont parlé de tranchées ouvertes et de drains remplis, dans le fond, de *gravier*, de fascines et de terre, dans la partie supérieure.

Plus tard, on a construit, à grands frais, de véritables conduites d'eau qui ne pouvaient produire, que pour un temps, l'effet qu'on en attendait.

De tous les systèmes, *deux seuls* nous paraissent devoir être appliqués, à défaut de tuyaux. J'appellerai le premier *fascinage*, le second *empierrement*. J'accorderai la préférence à l'emploi du gravier ou du silex concassé en fragments de la grosseur d'un œuf de poule; mais, dans l'un et l'autre cas, il faudrait que ces matières fussent purgées, avec le plus grand soin, de toute espèce de terre; qu'elles fussent placées avec précaution dans les drains creusés en talus, de manière à prévenir les éboulements , quelque faibles qu'ils pussent être ; que la tranchée d'une profondeur de 1ᵐ 30, s'il était possible, en fût remplie, sur une hauteur de 0,25, au moins ; qu'un lit de paille, de foin **ou** de jonc, **recouvrît** le tout, et que la terre, placée au-dessus, avec précaution, sur une hauteur égale, fût pilonnée avec force, sans secousses, afin de prévenir les inconvénients que nous avons signalés, c'est-à-dire, l'engorgement des drains, par suite des pluies qui pourraient survenir avant le complet achèvement des travaux.

Si l'emploi de fragments de calcaire grossier, compacte, offre moins de garanties de durée, il ne doit pas être proscrit d'une manière absolue, comme celui de la craie qui abonde dans **certaines contrées.**

Les eaux, qui contiennent du gaz acide carbonique, se saturent de carbonate de chaux, en traversant les terrains calcarifères. Si elles ne coulent pas librement, elles déposent, et le carbonate déposé se solidifie d'autant plus promptement qu'il se trouve plus tôt en contact avec une assez grande quantité d'air. Eh bien ! quand on emploie des fragments de craie, dans les tranchées, il en faut beaucoup, si l'on tient à ce qu'il reste des vides pour l'écoulement des eaux. S'il existe des vides, ce qui est indispensable, l'air circulera facilement dans les drains, et comme l'eau qui aura trouvé partout du carbonate de chaux, s'en sera saturée complétement, en peu de temps, pour *déposer*, sur certains points, au fur et à mesure qu'elle perdra de sa vitesse normale, il se produira très-certainement des concrétions de même nature que les stalactites et les stalagmites. Ces dépôts augmenteront de volume insensiblement, mais de manière à occasionner, un peu plus tôt, un peu plus tard, l'engorgement complet des drains, tantôt sur un point, tantôt sur un autre.

Si notre craie, appelée improprement marne, n'est pas toujours du carbonate pur, ce carbonate en est du moins l'élément principal. Elle a d'autant plus d'affinité pour l'eau, qu'elle contient plus d'alumine; elle est toujours quelque peu poreuse. Nous avons pris, à la butte Saint-Jean, près Beauvais, deux fragments pesant, à la sortie de la carrière, l'un 0^k 750, l'autre 0^k 740. Nous les avons mis en pleine eau; ils y sont restés deux jours. Après l'immersion, la différence du poids était, pour le premier, de 0^k 195, et de 0^k 175 pour le second, c'est-à-dire, de 20 p. 100, en chiffres ronds. Aux environs d'Amiens, dans la vallée de la Somme, nous avons trouvé des terrains de même nature.

On comprend, dès-lors, que dans les cas où l'on emploie de la craie dans les drains, il se trouve bientôt une assez grande quantité de carbonate dissous, et que si les eaux viennent à déposer, il peut se produire assez promptement des engorgements partiels.

L'espèce de poudre blanche qui couvre les parties vertes des accotements des routes, au pied des rampes, dans les terrains marneux, crayeux ou mieux calcarifères, est du carbonate de chaux qui a été dissous et qui est resté adhérent à l'herbe, après l'écoulement ou après l'évaporation de l'eau. On peut observer cet effet, plus en grand, dans les fossés des routes ouvertes dans les terrains calcaires.

Le fascinage, bien exécuté, offre des garanties de durée. M. Gisles, maire de Valognes (Manche), a drainé, en 1813, avec des fascines. Le terrain est encore aujourd'hui dans d'excellentes conditions. M. de Gerville a drainé, en 1804, dans le même département avec le même succès. M. Gallemand, dont je ne puis cesser de parler, puisque c'est à lui que je dois une partie de ce que je sais, en fait de drainage ; M. Gallemand, dis-je, applique ce système depuis seize ans, et il s'en trouve bien. Voici ce qu'il m'écrivait en 1851 :

« J'ai mis des fascines au fond de mes drains, et je me « suis contenté de la profondeur de 0.70 à 0.80. « fig. 18.

Fig. 18.

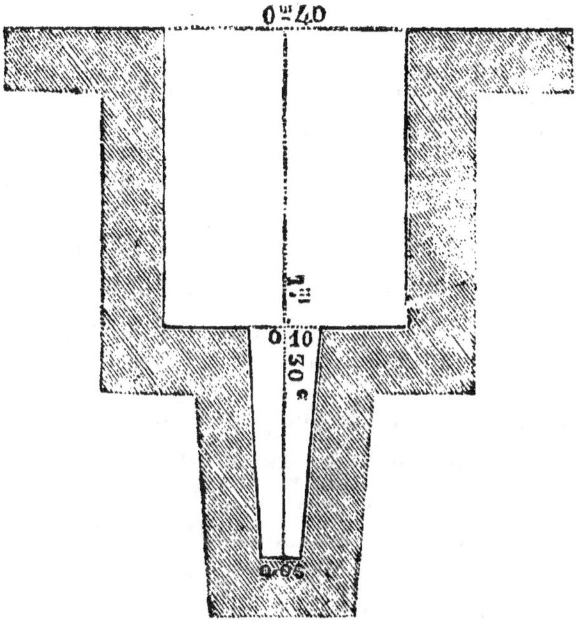

0ᵐ40

0ᵐ10

30 c

0.05

« L'essentiel est de faire les drains le plus étroits » possibles. Je tâche de ne leur donner au fond que » 4 à 5 centimètres de largeur. L'eau réunie en un « seul filet, y coule avec plus de force que si elle se répandait en nappe dans une largeur plus grande.

« La fascine se fait avec des menus branchages de
» n'importe quel bois ; quand elle est détruite, la
» terre se trouve prise en voûte, au-dessus (1) ; c'est
» encore là un avantage capital de faire la coupure
» fort étroite.

« La grosseur de la fascine, doit être telle qu'elle
« n'entre que de force dans cette petite tranchée. Avant
» de remplir l'ouverture du dessus, on met sur la
» fascine une petite couche de paille, des joncs ou
» des genêts destinés à empêcher la terre fine d'en-
» gorger le creux. »

M. Gallemand a continué ses travaux d'assainissement, sans changer de système ; seulement, il creuse
ses drains à une plus grande profondeur. La lettre
suivante qu'il a bien voulu m'écrire, en réponse à
plusieurs questions que j'avais cru pouvoir lui faire,
pour savoir ce qu'il pensait de l'opinion de M. Moll.
sur l'effet des racines de luzerne et de sainfoin, lesquelles, suivant le savant professeur, doivent finir par
obstruer totalement les tuyaux ; cette lettre, dis-je.
contient des enseignements que je ne dois pas négli-
ger de porter à la connaissance de mes lecteurs.

« Je voudrais pouvoir vous citer des faits en ré-
» ponse à ce que vous me demandez. Malheureuse-

---

1 C'est en vain que j'ai recommandé cette précaution à mes
meilleurs amis. Aucun d'eux n'a compris l'importance de cette
disposition toute particulière des drains. Quelques personnes se
sont bornées à faire ouvrir des rigoles de 0,20 à 0,25 de largeur
et de 0,58 à 0,60 de profondeur seulement, et ont placé au fond
de petites bourrées fort mal liées.

« ment, je n'en ai pas à vous offrir ; d'abord, parce
» que je ne me sers pas de tuyaux de poterie, et,
» ensuite, parce que je ne cultive ni la luzerne, ni
» le sainfoin, qui ne viennent pas dans mon sol, faute,
» je pense, de l'élément calcaire que nos chaulages
» ne remplacent pas suffisamment, pour ces plantes.
» Je cultive le colza ; mais je ne me suis pas aperçu
» que ses racines obstruent mes drains ; je ne crois
» même pas qu'elles puissent former un obstacle de lon-
» gue durée, car elles ne sont pas vivaces, et, après
» l'hiver qui suit la récolte du colza, elles paraissent être
» tombées en *détritus*. Quant aux racines de la luzerne et
» du sainfoin, le cas est différent; elles sont vivaces et pé-
» nètrent fort loin ; le danger signalé par M. Moll est
» vraisemblable, quant aux racines d'arbres principale-
» ment. J'ai trouvé des conduites d'eau, en poteries,
» complètement obstruées de racines chevelues, en peu
» de temps, dans une très-grande longueur. C'est
» cette observation jointe à la difficulté de se procurer
» ici des tuyaux, qui m'a fait donner la préférence aux
» fascines.

» Je crois que les racines qui peuvent atteindre mes
» drains, ne s'y trouvant pas emprisonnées, comme elles
» le sont dans les parois imperméables des tuyaux,
» s'enfoncent dans le sol circonvoisin, suivant leur mode
» naturel de végétation, sans produire cet amas, contre
» nature, de chevelus si nuisibles dans les tuyaux. Les
» jardiniers ont observé que l'humidité qui s'attache aux
» parois des vases en terre cuite, favorise la production
» des racines ; ils donnent le nom de *perruques* à l'épais
» lacis qui tapisse l'intérieur des pots, tout autour de

» la motte, au bout de quelque temps, et qui nécessite
» les rempotages. Ils ont aussi remarqué que les bou-
» tures placées en contact avec les parois des pots,
» émettent plus tôt des racines que quand elles sont peu
» éloignées des bords. On peut, donc, tenir pour cons-
» tant, que les poteries excitent le développement des
» racines. Je persiste, pour cette raison, à donner la
» préférence à mes drains économiques, en simples
» coupures, *les plus étroites possibles* (1), tels que je
» vous les ai décrits. J'ai seulement reconnu l'utilité
» d'augmenter la profondeur. Je les place maintenant à
» 1ᵐ ou 1ᵐ 20, et, je crois qu'avec cette condition,
» elles sont d'une durée presque indéfinie. J'ajoute que
» s'il survient quelque obstacle dans ma petite coupure,
» le filet d'eau qui a pris son cours peut *se frayer, peu*
» *à peu, son chemin, à côté, et j'ai reconnu qu'il*
» *s'accroît au besoin.* »

C'est ce que j'ai dit en d'autres termes, pour rassurer
les draineurs sur les craintes qu'ils pourraient concevoir,
au sujet des racines d'arbres, des queues de renard, etc..
qui sont, pour la plupart, le prétexte plutôt que la cause
réelle de leur éloignement. pour l'application du drainage.

M. Jacquemard écarte l'idée de tout inconvénient à cet
égard, en recouvrant les tuyaux, de fascines, partout où
il peut craindre que les racines pénètrent dans les drains.
— M. A. Aumont, le célèbre éleveur, avait accordé la

(1) Je ne puis cesser de le répéter, avec M. Gallemand : il
faut, pour que le drainage avec fascines, offre des garanties de
durée, que le fond des tranchées soit très-étroit, que les fascines
soient bien liées.

préférence à un lit de pierres placées au-dessus des tuyaux. Dans l'un et l'autre cas, c'est un surcroît de dépenses qui n'est justifié que dans des cas exceptionnels.

Si M. Gallemand reconnaît que la profondeur des drains est un élément de succès; s'il repousse l'idée que les racines de colza puissent jamais engorger les tuyaux, il ne serait pas éloigné de partager l'opinion de M. Moll, au sujet des racines de luzerne.

L'opinion de M. Gallemand est fortement motivée; mais, je suis heureux, dans l'intérêt du drainage, de pouvoir la combattre par un moyen tiré de la nature même des plantes dont le chevelu prend une très-grande extension, surtout le long des parois des vases où elles sont placées. Ces plantes prennent beaucoup de développement, parce qu'elles se trouvent dans de bonnes conditions, en ce qu'elles sont arrosées de temps en temps, avec soin, et qu'il ne reste jamais d'eau dans les vases où elles sont placées; mais, si leurs racines restaient en contact avec l'eau pendant six mois de l'année au moins, comme cela arriverait aux racines de luzerne, qui pénétreraient dans les drains, elles finiraient très-certainement par pourrir.

La confection des fascines exige quelques soins; peu d'ouvriers savent les faire.

Les observations de M. Gallemand, à cet égard, sont d'autant plus précieuses qu'elles sont le résultat de l'expérience et d'une étude approfondie de la question.

Il recommande de serrer fortement les fascines, parce que les terres ne peuvent alors passer entre les parties qui les composent, parce qu'elles doivent, pour remplir exactement l'ouverture des drains, être chassées avec force et permettre de ménager en dessous un vide qui suffise à l'évacuation des eaux, quelque abondantes qu'elles puissent être.

Quand nous avons drainé à l'Huyère, chez M. Herbé, nous avons suivi, à la lettre, les prescriptions de M. Gallemand, et nous avons complétement réussi.

Pour serrer nos fascines, quelques-uns de nos ouvriers ont établi deux pièces de bois équarries qui, placées parallèlement, sont fixées entre elles, dans cette position, par deux petites traverses en bois rond.

Sur l'axe longitudinal et vers le milieu de chacune des deux principales pièces, fig. 19, deux chevilles en bois

Fig. 19.

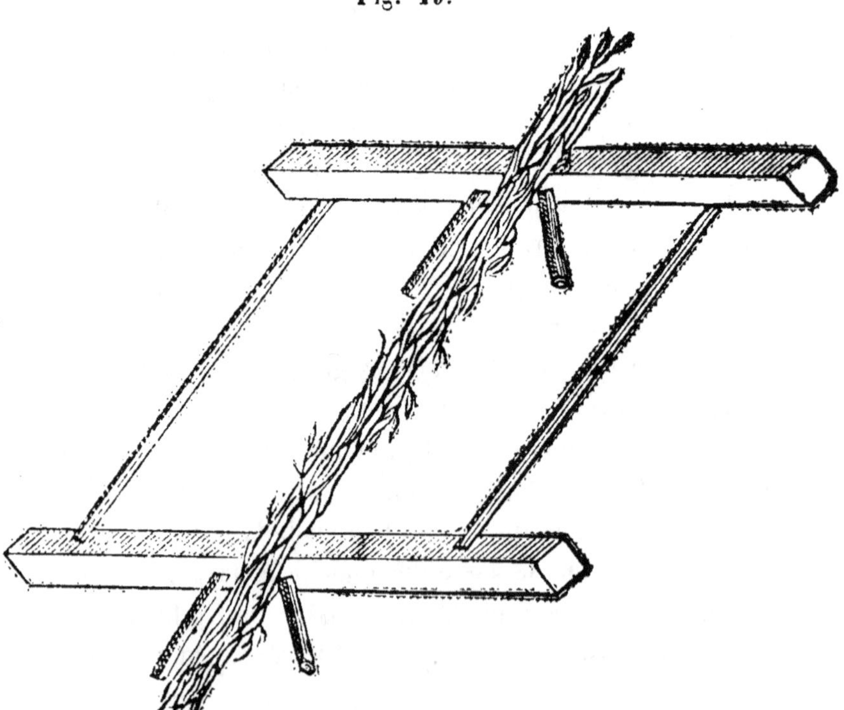

de 0,20 à 0,30 de longueur, sont placées à 0,12 de distance au plus et respectivement un peu inclinées vers l'extrémité de ces deux madriers ; d'autres ont employé le moyen qui consiste à placer les branchages destinés à former la fascine, entre deux rangs de piquets croisés fig. 20, et à les serrer ensuite au moyen d'une corde nouée

Fig. 20.

à deux bâtons, appelée *garot* ou *liüre*, fig. 21, afin de pouvoir les lier facilement à la grosseur voulue.

Fig. 21.

CHAPITRE XVI.

OBSERVATIONS GÉNÉRALES.

INCONVÉNIENT DE FAIRE ARRIVER LES DRAINS ORDI-
NAIRES, SOIT DANS UN FOSSÉ A CIEL OUVERT, SOIT
DANS UN COURS D'EAU. — SOINS A PRENDRE APRÈS
L'ACHÈVEMENT DES TRAVAUX.

Si les terres que l'on draine sont bordées ou traver-
sées par une rivière ou par un ruisseau à faible pente,
qui puisse servir d'évacuateur principal, il est très-important de n'y amener les eaux de drainage que de loin
en loin, au moyen d'un collecteur parallèle. On comprend
facilement la raison de cette recommandation, quand on
connaît les effets qui se produisent dans nos rivières à
faible pente, où se forment très-promptement des atté-
rissements, où poussent annuellement des herbes, des
roseaux qui pourraient engorger les tuyaux placés à l'extrémité de chaque drain. Dans les grandes crues, d'ailleurs, occasionnées soit par les orages, soit par des
fontes de neige, les eaux sont troubles ; si elles pénétrent
dans les tuyaux, elles y forment certainement des dépôts
de nature à amener une perturbation complète dans le
système. Puis, les berges se trouvant corrodées à la
longue, il y a des *déchirures* plus ou moins profondes
qui doivent occasionner le dérangement des tuyaux extrêmes. Il y a enfin, les rats d'eau, les grenouilles qui
peuvent pénétrer dans les drains, y mourir, et déterminer des engorgements temporaires.

Ces inconvénients existent également pour les drains collecteurs ; mais, ils sont d'autant moins graves que les lignes principales de drainage sont, au moins, dans la proportion de 1 à 10, comparativement au nombre des drains ordinaires ; qu'on peut en les armant de la soupape dont nous parlerons bientôt, prévenir la plupart de ces inconvénients.

Il est très-important, toutefois, de veiller au libre écoulement des eaux provenant des collecteurs, car beaucoup de circonstances peuvent les faire refluer et occasionner des dépôts qui, à la longue, finiraient par obstruer complétement les tuyaux, si, surtout, les eaux contenaient du carbonate calcaire, du protoxyde de fer en dissolution. Il faut toujours que les embranchements soient gazonnés ou maçonnés. Je ne puis trop recommander cette précaution.

Quand une opération de drainage est terminée, tout n'est pas fini pour le cultivateur. Il faut qu'il veille avec soin à ce que les bouches des collecteurs soient toujours libres — c'est là le point capital. — Nous avons constaté, avec peine, des négligences sous ce rapport, que rien ne saurait justifier. Ainsi, nous avons vu dans des terrains à faible pente, et où existent des sources ferrugineuses, des tuyaux collecteurs placés à 0,10 au-dessus du niveau normal d'un cours d'eau, se trouver, un an après, à 0,10 en-dessous. Il en est résulté des engorgements que l'on a bénévolement attribués à l'inexpérience des draineurs. Dans une autre circonstance, on a laissé, au contraire, des digues dans un ruisseau où débouchaient les collecteurs qui étaient destinés à évacuer les eaux d'une pièce également à très-faible pente. On n'a même pas pris la peine d'enlever les amas de peroxide de fer qui se trouvaient à la sortie des drains, de sorte que les bouches de dégagement se sont trouvées complétement obstruées. L'écoulement des eaux n'étant plus libre, elles ont reflué à une assez grande hauteur, pour couvrir la partie basse du terrain drainé. Une simple opération de deux heures, a suffi pour la faire disparaître. — Le fermier demeure pourtant à 400 mètres du lieu où s'est produit, où se produisent encore des effets si regrettables.

Dans un terrain que nous avons drainé en 1852, et que nous avons visité dernièrement, nous avons trouvé, complétement rempli de vase, de détritus et de roseaux, le fossé qui était destiné à servir d'évacuateur général. Aussi, le collecteur était-il plein de peroxide, au point qu'il était impossible qu'il fonctionnât (1). Comme le fermier prétend que le drainage est plutôt nuisible qu'utile, et que la terre est louée, pour neuf ans, le propriétaire a laissé les choses en cet état, se résignant ainsi à une perte de près de 600 francs. Cependant, le curage, à vif fond, de l'évacuateur, ne coûterait pas 30 francs.

Ce résultat, sainement apprécié par les populations, n'a jeté heureusement aucune défaveur sur le drainage.

Nous venons de dire que, dans les grandes crues, et dans l'hypothèse très-admissible des inondations, les eaux chargées de matières terreuses ou calcaires en suspension pourraient, en pénétrant dans les tuyaux, occa-

______

(1) Un des tuyaux de ce collecteur a été soumis, en mars 1856, à l'examen de MM. les membres de la Société impériale et centrale d'agriculture.

sionner des dépôts de nature à gêner le libre écoulement des eaux. Cette question nous a paru assez importante pour nous déterminer à chercher le moyen d'écarter toute espèce de crainte à cet égard. Nous croyons être assez heureux, pour l'avoir trouvé.

Voici les considérations que nous avons présentées sur ce point, à S. Exc. M. le Ministre d'État, qui se préoccupe, avec tant de sollicitude, de l'assainissement des propriétés achetées en Sologne, par S. M. l'Empereur.

Nous laissons à nos lecteurs à décider si, comme nous le pensons, notre système a quelque valeur.

OPÉRATION COMPLÉMENTAIRE DE TOUT BON SYSTÈME DE DRAINAGE.

Tuyaux à clapet indispensables dans les terrains qui peuvent être submergés et utiles pour tous les drains qui débouchent à l'air libre.

Quand on draine des terrains situés dans des vallées et exposés, par cela même, à être submergés, par suite soit de fonte de neiges, soit de la crue extraordinaire des cours d'eau qui la bordent ou qui la traversent, ou qui s'en trouvent à peu de distance, on doit tout naturellement craindre, non pas qu'une partie des tuyaux s'engorgent tout-à-fait, mais que des dépôts se forment dans ceux où auront pu pénétrer les eaux troubles, c'est-à-dire chargées de matières diverses en suspension. Nous ne dirons pas que ces dépôts puissent toujours avoir, pour effet, de compromettre les opérations de drainage; mais ils doivent nécessairement apporter une certaine perturbation dans une opération d'assainissement, quelque bien exécutée qu'elle soit d'ailleurs. Dans certains cas, quand les terrains drainés ont peu de pente, par exemple, et que les eaux qui les submergent, ont passé sur des terrains meubles argileux ou calcarifères, il est hors de doute que si elles restent hautes pendant un certain temps, il pourra se faire des dépôts de nature à occasionner des engorgements dans les collecteurs et dans une partie des tuyaux ordinaires. Le danger serait moins grand, si le terrain submergé ou si les tranchées avaient une pente assez prononcée.

Toutefois, on comprendra qu'il importe de prévenir un effet qui peut avoir, pour résultat, dans les circonstances les moins fâcheuses, d'empêcher le drainage de fonctionner pendant un certain laps de temps, à la suite de chaque grande crue, d'obliger à visiter une grande longueur de tranchées, d'en creuser peut-être d'autres, ce qui serait d'autant plus difficile que les terres se trouvant détrempées, des éboulements pourraient se produire sur de grandes longueurs.

On pourrait, dira-t-on, établir à l'extrémité de chaque collecteur, une espèce de petit vannage qui permettrait de s'opposer à l'introduction des eaux *troubles* dans les tuyaux ; mais ce moyen excellent, à ce point de vue, je le reconnais, présenterait des inconvénients dont le principal consisterait dans l'incertitude où l'on se trouve toujours du moment précis où une grande crue arrive, où un orage fond sur une contrée, d'où l'on peut se trouver très-éloigné. On sait que bien peu de gens se montrent assez soigneux pour chercher à prévenir un accident de cette nature ; c'est à ce point que pût-on arriver précisément au moment opportun, je doute que l'on se préoccupât d'y arriver une fois sur dix.

Ensuite, à quel moment faudrait-il lever la vanne? On me répondra tout de suite ceci : quand les eaux de la rivière ou de la crue seront écoulées. C'est une réponse qui est toute naturelle et qui paraît, à tort, très-concluante. En effet, il arrivera souvent que les eaux de crue seront encore sur le terrain submergé, et que cependant celles qui se seront forcément trouvées arrêtées dans les tuyaux, pourront s'écouler en partie. Il y a deux forces opposées mises en jeu; la première, celle de la submersion, croît rapidement et doit faire équilibre, à un moment donné, à celle des eaux provenant du drainage. Il n'y a doute, sur ce point, que dans le cas d'une très-forte pente du terrain assaini; mais, aussitôt que les eaux de crue baissent, l'équilibre cesse et les rôles se trouvent changés. Saisirez-vous bien ce moment vous-même? Non assurément, quelle que soit votre science, quelle que soit votre expérience, vous arriverez trop tôt ou trop tard. Trop tôt, ce serait nuire à votre drainage; trop tard, ce serait perdre du temps, un, deux, quelquefois trois jours. Eh bien! ce serait fâcheux; car, pendant ce temps, votre terre éprouve vivement le besoin de respirer, de se débarrasser peu à peu de cette eau qui a porté des germes de mort dans le sol, et vous ne pouvez prendre trop de précautions, pour rendre aussitôt que possible sa position meilleure.

Le moyen est tout mécanique; un simple clapet ou soupape montre, sous ce rapport, toute l'intelligence voulue pour que les choses se fassent à point. Placé à 1, 2, 3 mètres, si l'on veut, de l'extrémité du collecteur, il permet à l'eau des drains de s'écouler, tant que le poids du volume liquide provenant d'une crue extraordinaire, n'est pas supérieur à la force d'écoulement, laquelle varie, comme on le sait, suivant la pente des tranchées et la masse d'eau à évacuer. Aussitôt que cet effet se produit, la soupape se ferme, et si l'eau des drains reflue vers la partie supérieure du terrain, celle de l'extrémité ne pénètre pas dans les tuyaux.

L'armature peut être revêtue de gutta-percha, et ne laisser de doute ni sur le jeu du clapet ni sur les inconvénients qu'il peut prévenir; car, non-seulement, il doit servir à empêcher les eaux de pénétrer dans les tuyaux, mais, il constitue un obstacle permanent, à l'introduction dans le drain, de rats, de grenouilles, de mulots, et des autres animaux qui pourraient s'y établir, dans les temps secs, et finir, par les obstruer en partie, sinon entièrement.

Il résulte de ces considérations, que les tuyaux à clapet sont presque toujours indispensables pour les drains débouchant à l'air libre. Faites en grand nombre, les armatures reviendraient à un prix minime (1).

Nous avons eu recours au clapet, il y a déjà 14 ans, dans les marais de Lestre (Manche), et nous avons pu rendre à l'agriculture, près de cent hectares de bonnes prairies.

(1) M. le gouverneur provincial de la Flandre occidentale a écrit, à la fin de mai 1856, à l'honorable M. Randouin, Préfet de l'Oise, pour lui demander un de ces tuyaux. Je me suis borné à lui envoyer une soupape en gutta-percha.

CHAPITRE XVII.

ÉVACUATION DE L'EAU AU MOYEN DE PUISARDS ET DU MOULIN A VENT DE M. AMÉDÉE DURAND.

Des personnes qui se sont beaucoup occupées de drainage, et que l'expérience a convaincues que l'aérage du sous-sol exerce une heureuse influence sur les racines des plantes, ont exprimé des craintes au sujet de l'évacuation des eaux, au moyen de puisards qu'il faut nécessairement creuser dans le terrain que l'on veut drainer, quand il n'y a pas d'évacuateur général, ou fossé de décharge, ou quand la pente de ce terrain est presque nulle. Ces personnes ont paru convaincues que l'air, ne pouvant plus pénétrer aussi librement dans les tuyaux, la terre profiterait beaucoup moins de l'effet des influences atmosphériques.

Il est évident que, si, comme nous l'avons déjà dit, l'air circule dans le sol et dans le sous-sol, la végétation sera plus active; mais, rien ne dit que le système des puisards s'oppose à la circulation de l'air, dans les terrains drainés.

En effet, pourvu que l'on admette qu'au point de vue de l'assainissement, le système des puisards doive produire les mêmes résultats que celui des évacuateurs naturels, on reconnaitra, à l'examen de la question, que dans l'une et l'autre hypothèses, l'air circulera très-librement dans toutes les parties du sol situées au-dessus des drains, et qui doivent se trouver débarrassées de l'excès d'humidité dont elles étaient saturées. Pour nier cet effet, il faut nier que l'air puisse pénétrer dans les terres que l'eau a dû traverser, en y laissant évidemment des traces de leur passage, ou, en d'autres termes, prétendre que l'air est moins subtil que l'eau, ce qui est contraire à la vérité.

On ne conservera aucun doute, à cet égard, quand on aura lu les lignes suivantes, empruntées à un article de M. Risler, publié dans le *Journal d'Agriculture pratique* :

« Une petite expérience, qu'il est facile de répéter et
» encore plus facile de comprendre, m'a beaucoup aidé à
» me faire une notion précise de la manière dont le drai-
» nage produit les effets remarquables que la pratique a
» constatés. Peut-être pourra-t-elle rendre à d'autres
» le même service ; c'est pourquoi je vais essayer de la
» décrire.

» Des recherches indépendantes du drainage m'avaient
» amené à faire végéter diverses espèces de plantes dans
» des cônes en terre d'environ 0^m 25 de diamètre à leur
» base. Tous ces cônes étaient remplis de la même terre,
» en même quantité. J'avais laissé les uns ouverts à la
» partie inférieure, après que j'y avais mis un décimètre
» environ de petits cailloux qui y produisaient un drai-
» nage parfait. Quelques-uns d'entre eux furent au con-
» traire hermétiquement bouchés. Il paraît que, depuis
» le commencement de mes expériences, les pluies n'ont
» jamais été assez abondantes pour verser dans les
» cônes une quantité d'eau plus grande que la terre
» n'en pouvait absorber, car il n'en a point passé du tout
» à travers les cônes drainés. Ainsi donc il ne pouvait

» pas y avoir d'eau stagnante dans les cônes bouchés.
» Ces cônes représentaient une terre qui n'aurait pas
» besoin d'être drainée, si toutefois il était vrai que le
» drainage n'agit, comme on le croit assez généralement,
» qu'en permettant à l'excès d'eau de s'écouler. Et ce-
» pendant les plantes furent très-vigoureuses dans les
» cônes drainés, tandis qu'elles se montrèrent souf-
» frantes dans les cônes non drainés. Je ne pus trouver
» d'autre explication de ce fait que celle-ci : les cônes
» drainés ont été mieux aérés que les autres.

» Pour m'assurer de la justesse de cette conclusion,
» je cherchai à reproduire autant que possible les condi-
» tions dans lesquelles se trouve une terre drainée, en
» y ajoutant une disposition qui rendît visible toute en-
» trée ou sortie d'air. La figure 22 reproduit cette dis-

Fig. 22.

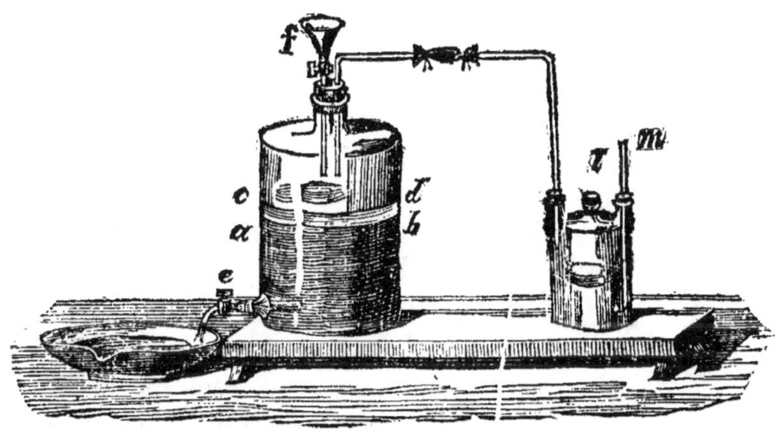

» position. Quelques mots d'explication suffiraient pour
» des chimistes habitués aux appareils ordinaires des
» laboratoires: mais la plupart de nos lecteurs deman-

» deront plus de détails. J'ai mis à une hauteur de
» 0ᵐ.15 environ de la terre légèrement humide dans un
» flacon muni à sa partie inférieure d'un robinet *e*,
» dont le tube pénètre à une petite distance dans l'inté-
» rieur de la terre et peut représenter, par conséquent,
» un drainage avec assez d'exactitude. L'ouverture supé-
» rieure du flacon est fermée hermétiquement au moyen
» d'un bouchon à travers lequel passent, d'une part,
» un tube à robinet qui sert à introduire l'eau, et, de
» l'autre, un tube qui communique avec l'intérieur d'un
» flacon à trois tubulures rempli en partie d'eau et ar-
» rangé de telle manière que l'air qui y entrerait par le
» tube *m* serait obligé de passer à travers l'eau et de
» rendre ainsi son entrée visible à l'œil.
» Je commence par fermer le robinet *e*, j'enlève le bouchon
» *l* du petit flacon, et j'introduis à travers le tube *f* assez
» d'eau pour représenter une forte pluie ; puis, je ferme
» le robinet *f*, et je remets le bouchon en *l*. Tant que
» le robinet *e* resté fermé, c'est-à-dire tant que le drai-
» nage ne s'opère pas, l'eau introduite occupe la position
» *abcd*, et ne pénètre que très-lentement sous le sol, en
» déplaçant l'air qui s'y trouve renfermé, et le forçant à
» sortir par le haut en bulles qui crèvent à la surface du
» liquide. Dans ce cas, l'eau prend la place d'une cer-
» taine quantité d'air ; elle amène, il est vrai, l'oxigène
» qu'elle porte en solution ; mais elle n'en amène évi-
» demment pas assez pour compenser celui qu'elle a fait
» sortir ; par conséquent, le sol renferme après chaque
» pluie moins d'oxigène qu'il n'en renfermait avant cette
» pluie, et c'est seulement quand l'eau ainsi introduite
» sera évaporée qu'il pourra rentrer de l'air.

» Mais si nous ouvrons le robinet *e*, si nous établissons
» le drainage , nous verrons les choses changer complé-
» tement de face. L'air renfermé dans la terre trouvant
» à s'échapper par en bas , ce qui devient aisément vi-
» sible si l'on plonge l'extrémité du robinet dans un vase
» d'eau, l'eau *abcd* s'infiltre graduellement dans la
» terre , et , tandis que l'air corrompu est chassé d'un
» côté , il arrive par en haut de l'air pur que nous
» voyons traverser le flacon laveur par le tube *m*. Ainsi
» le drainage agit même avant qu'il s'écoule de l'eau par
» les tuyaux. Quand cet écoulement commence, l'aéra-
» tion cesse ; nous voyons bien encore entrer de l'air par
» le tube *m*, mais cet air ne sert plus à remplacer de
» l'air corrompu , il remplace l'eau qui est partie ; notre
» appareil fonctionne comme un aspirateur ordinaire , et
» les faits que nous y observons n'offrent plus aucun in-
» térêt. On croit généralement que les drains n'agissent
» que lorsqu'ils coulent. D'après ce qui précède, il y
» aurait deux actions : aération chaque fois qu'il tombe
» de la pluie, et écoulement de l'eau que le sol ne peut
» absorber chaque fois que les pluies dépassent la fa-
» culté d'absorption du sol. Dans le cas où il n'y avait ni
» drainage , ni sous-sol perméable , nous avons vu que
» les pluies ne font que diminuer la somme d'oxygène
» qui reste disponible pour les besoins de la végétation ;
» maintenant, au contraire , il y a sortie d'air corrompu,
» c'est-à-dire privé d'une partie de son oxygène, et en-
» trée d'air nouveau.

» Or, chacun sait que l'aération est le but principal de la
» culture. Pour peu qu'un cultivateur se soit demandé la
» raison des pratiques que l'expérience lui a fait adopter,

» pour peu qu'il réfléchisse davantage à l'opération que font
» les bœufs qui trainent sa charrue, il saura que les la-
» bours, par exemple, sont destinés à aérer le sol. S'il
» avait, en outre, quelque confiance dans les chimistes,
» il apprendrait des belles expériences de Saussure que
» l'oxygène est nécessaire à la respiration des racines,
» comme il est nécessaire à celle des animaux ; il verrait
» dans les travaux des autres savants résumés derniére-
» ment à l'occasion du drainage même par M. Chevreul
» à la Société centrale d'agriculture, et par M. Barral
» dans son *Manuel du Drainage*, que la transformation
» de tous les matériaux que renferment ces terres que
» l'on achète à 2,000 fr. l'hectare, et de ces engrais
» que l'on trouve bon de payer 6 fr. le mètre cube, que
» leur transformation en argent bien monnayé, c'est-à-
» dire en substances capables de former le blé et tous
» les produits qui s'échangent contre l'argent, ne peut
» s'opérer que si l'on donne au sol de l'oxygène, et qu'à
» défaut d'oxygène, ces terres et les engrais eux-mêmes,
» loin de produire les végétaux, les tuent au contraire,
» parce qu'elles deviennent des poisons au lieu de devenir
» des aliments.

» Ainsi donc, chaque fois qu'un pluie tombe sur une
» terre drainée ou à sous-sol naturellement perméable,
» elle y amène non-seulement l'eau nécessaire pour dis-
» soudre les substances qui sont prêtes à servir d'ali-
» ments, c'est-à-dire que l'oxydation a déjà rendues so-
» lubles; mais elle y entraîne à sa suite une autre nou-
» velle portion d'oxygène, qui va préparer de nouveaux
» aliments et les mettre à la disposition de la pluie qui
» prochainement viendra les porter dans le sein des vé-

» gétaux. Chaque fois, au contraire, qu'une pluie tombe
» sur une terre à sous-sol imperméable et non drainée,
» elle diminue la proportion d'oxygène que cette terre
» contient, et puis, restant stagnante dans le sous-sol,
» elle produit d'autres effets nuisibles, l'abaissement de
» température, etc., que l'on a souvent constatés ; c'est
» seulement à mesure que le soleil évapore cette eau
» qu'elle peut faire place à l'air. Dans les terres à sous-
» sol imperméable, l'aération ne peut se faire sous nos
» climats qu'à une très-faible profondeur ; au-dessous
» de cette profondeur, les substances qui s'y trouvent
» renfermées restent à l'état de poison, et voilà pour-
» quoi il vaut mieux, dans les sols d'une telle nature,
» et surtout dans ceux qui, en plus, sont très ferrugi-
» neux, ne donner que des labours superficiels malgré
» les conseils de quelques hommes qui nuisent au pro-
» grès réel, parce qu'ils se font les avocats quand même
» d'un principe qui n'est juste que dans certaines limites.
» Je ne relaterai pas les nombreux faits de la pratique,
» qui à la fois prouvent l'aération que le drainage pro-
» duit et s'expliquent par elle. Ainsi la possibilité de la-
» bourer moins fréquemment dans les terres drainées
» que dans les mêmes terres avant le drainage, la dé-
» composition plus rapide des engrais, etc.; M. Barral a
» rapporté ces faits avec tous les détails nécessaires
» pour les rendre complétement démonstratifs.

» Je n'ajouterai qu'une remarque : on s'étonne sou-
» vent de voir que l'eau s'introduit dans les drains à
» travers les interstices qui sont parfois plus faibles
» que les interstices qui se trouvent dans le sol lui-
» même. C'est que l'eau va de préférence là où l'air lui

» laisse le plus aisément la place libre ; l'air ne peut
» quitter la place qu'il occupe qu'à condition de trouver
» une porte pour sortir ; le drainage lui ouvre cette
» porte.

» Je crois pouvoir résumer ces observations en disant,
» que *la pluie est le principal moyen d'aération que la*
» *nature a donné au sol.* »

Si nous ne faisons nulle difficulté , toutefois, de reconnaître qu'il pénètre moins d'air dans le sol, quand il n'y a pas une bouche de drain ouverte à l'air libre, nous indiquerons un moyen fort simple de mettre les choses en état tel, que l'on arrive à reconnaître qu'il n'y a plus d'objection sérieuse à élever contre les puisards qui, seuls, quelquefois, permettent d'appliquer le drainage. Ce moyen consiste à établir *un regard* ou deux sur le collecteur général, à quelques mètres du puisard.

Pour que ces regards pussent présenter toute la solidité désirable , il serait bon de faire une certaine longueur de drains collecteurs, en maçonnerie, avec un radier sur lequel coulerait l'eau.

On peut creuser les puisards ou *puits absorbants* ou *boit-tout*, dans une fosse, au centre de la partie basse du sol que l'on voit égoutter.

Il y a des cas où la confection d'un *boit-tout* présente fort peu de difficultés, où la couche perméable n'est qu'à deux ou trois mètres à peine de la surface du sol. Souvent même il arrive, dans l'étage crétacé , que la craie n'est séparée de la terre végétale que par une couche d'argile remaniée rouge ou brune, empâtant des silex, et appelée *cauchin*, ou par le *bief*, argile de même nature, mais qui ne contient pas de silex, et que l'on peut considérer comme un *diluvium*, ou par des sables de la glauconie moyenne et inférieure.

Depuis qu'il s'agit de drainage, en France, un grand nombre de personnes ont paru penser que cette opération ne pouvait produire de résultats satisfaisants qu'autant qu'elle serait facilement applicable aux prairies de nos vallées, où il semble difficile, au premier abord, de trouver des évacuateurs généraux, eu égard au peu de pente du sol, et surtout à l'existence des nombreuses usines que l'on ne peut penser à détruire, parce qu'il y a des droits acquis qu'il faut respecter, mais qui n'en constituent pas moins, dans certains cas, un obstacle permanent aux améliorations que réclame si impérieusement notre agriculture.

Dans l'ouvrage que j'ai publié en 1851, et dont j'ai déjà eu occasion de parler, j'ai indiqué les deux moyens mis en usage, jusqu'alors, pour atteindre le but que l'on se proposait, c'est-à-dire, pour, sans nuire à l'industrie, évacuer les eaux surabondantes qui font pousser dans nos prairies, des herbes si peu propres à la nourriture des bestiaux.

L'un de ces moyens consiste tout simplement à creuser des fossés latéraux à peu près parallèles aux émissaires qui alimentent les usines.

Ces fossés doivent avoir une profondeur telle, que les eaux de la rivière ne puissent jamais nuire aux terrains qu'elles traversent. Quant à la largeur, elle n'a pas besoin d'être considérable, si la pente en long permet un écoulement facile ; toutefois, il faut agir en vue de rendre l'effet des crues extraordinaires, le moins préjudiciable possible, et, à cet égard, l'expérience et le calcul seraient seuls des guides certains.

L'établissement des fossés dont nous venons de parler ne serait pas de nature à apporter d'obstacle à l'irrigation, puisqu'au moyen de conduits on peut toujours emprunter telle quantité d'eau qu'on le désire au cours principal; cette opération permettant, au contraire, de tenir les eaux à une plus grande hauteur, il y aurait, d'un côté, consommation moindre comme force motrice, et, de l'autre, possibilité de les conduire à une plus grande distance.

L'existence d'un certain nombre d'usines, n'est donc pas absolument incompatible avec les intérêts de l'agriculture; elle peut, au contraire, les servir dans une certaine mesure.

Si l'établissement de fossés latéraux peut avoir ce double résultat, de permettre le maintien des usines existantes, et de laisser cependant une grande quantité d'eau à la disposition de l'agriculture, il fournit encore les moyens d'assainir les terrains éloignés des rives des cours d'eau, terrains dans lesquels il y de fausses sources, ou sous lesquels règne souvent une nappe d'eau souterraine qui les rend si humides, et par cela même si peu fertiles.

On pourrait objecter que le creusement de ces fossés ferait perdre une étendue de terrain assez considérable; que l'exécution de cette mesure occasionnerait de grandes dépenses en terrassements surtout; puis, enfin, qu'il y a des circonstances où l'existence de fossés toujours ouverts, pourrait gêner les riverains, soit pour une raison, soit pour une autre.

Sans discuter le mérite de toutes ces objections, je dirai qu'il n'y a pas nécessité absolue d'avoir des fossés constamment ouverts; que l'on peut bien ne pas perdre de terrain, de même que l'on peut se dispenser de faire des terrassements considérables.

Il suffirait, pour cela, de creuser de petites tranchées dont la section serait un trapèze, de placer des conduits dans le sens longitudinal, de manière à laisser un vide suffisant pour l'écoulement des eaux dont on voudrait se débarrasser.

Je dois dire, toutefois, que le long des cours d'eau sujets à déborder, on doit préférer l'existence de larges fossés ouverts pouvant recevoir le trop plein de l'émissaire principal. Ils rendraient moins préjudiciables pour l'agriculture, les crues extraordinaires qui surviennent, par suite d'orages, quelquefois au moment où les herbes sont avancées, d'autres fois, après la fauchaison et avant la rentrée des foins.

La forme de ces fossés, d'ailleurs, peut être telle que les parois en soient toujours productives. Il suffit, pour cela, d'évaser les talus, en les raccordant au moyen d'un arc de cercle à grand rayon, avec le terrain de la prairie.

Cette disposition fort simple, permettrait de faucher les talus tout aussi facilement que la prairie elle-même.

On ne doit pas perdre de vue qu'il importe que les bords du cours d'eau principal, soient établis de niveau, afin de rendre égale la position des propriétaires des deux rives.

Dans le cas où il serait impossible et d'employer ce moyen, ce qui doit être fort rare, et de pratiquer des puisards, dans le terrain à drainer, on pourrait employer une machine élévatoire comme celle qui a longtemps fonctionné chez M. de Pompry, à Ciry-Salsogne, et qui a permis d'obtenir d'excellents résultats. Le prix de cette machine, étant assez élevé, se trouverait seulement, à la portée d'une association formée par les propriétaires d'une vallée marécageuse, ou d'une commune, ou d'un établissement de bienfaisance. Aussi, serait-il peut-être préférable, malgré la différence de force et l'*inconstance des vents*, d'établir dans les vallées, sur divers points, quelques-uns des ingénieux moulins à vent inventés par l'honorable M. Amédée Durand, s'orientant *seuls*, présentant au vent, suivant les besoins, une surface de toile plus ou moins grande, en défiant l'ouragan, tout en marchant avec la plus faible brise (1).

Ce moyen, indiqué par M. Paumier, ingénieur des ponts-et-chaussées, chargé du service hydraulique dans la Charente-Inférieure, est savamment développé dans l'*Echo agricole* du 7 novembre 1854. Si les moulins de M. Amédée Durand permettent d'évacuer l'eau du drainage, amenée par des collecteurs généraux dans un grand réservoir, il donne en même temps les moyens, suivant les circonstances, de satisfaire aux besoins de l'irrigation ou de l'industrie, par la raison que l'eau, élevée à une certaine hauteur, peut être employée, ou comme force motrice, ou comme agent fertilisant, puisque l'on est à même de la diriger sur des parties de prairies où l'irrigation naturelle présente de grandes difficultés.

Que l'on admette, pour un instant, ce système appliqué en grand dans la Sologne, dans nos nombreuses vallées, dans les marais de la Somme, du Pas-de-Calais, et l'on se demandera comment il n'y a pas de puis-

____

(1) Deux de ces moulins fonctionnent, l'un à Gerberoy (Oise) l'autre à Montereau.

santes compagnies qui se forment pour rendre à la culture d'aussi grandes étendues de terrains, lesquels non-seulement ne produisent rien aujourd'hui, mais d'où s'exhalent des miasmes pestilentiels qui déciment nos populations. Il y aurait dans ces généreuses entreprises, honneur et profit ; ce serait de la spéculation philantropique. Ce serait mettre pour toujours nos populations à l'abri des craintes qui se renouvellent chaque année, au sujet des subsistances.

Le drainage des prairies diffère essentiellement, d'ailleurs, du drainage des terres arables. Pour celles-ci, il importe que les eaux s'écoulent aussi vite que possible. Pour les prairies, au contraire, il est à désirer qu'au moment des grandes pluies, des fontes de neige, les collecteurs ne permettent que l'écoulement d'une faible partie de l'eau qui arrive dans les terrains de cette nature. On profite par cela même des bienfaits d'une espèce de colmatage sans avoir à redouter l'inconvénient des eaux stagnantes qui, seules, peuvent être nuisibles aux plantes, au climat.

Les prairies, situées habituellement dans les vallées, reçoivent, par cela même, les eaux des côteaux plus ou moins fertiles au pied desquels elles se trouvent. Dans les grandes crues, les eaux entraînent avec elles du fumier, de la terre végétale. Elles arrivent par conséquent troubles ; si elles séjournent un jour ou deux, elles déposent et les matières déposées qui forment bientôt corps avec le sol des prairies, en augmentent tout naturellement la fertilité.

Il n'y a donc pas à se préoccuper sérieusement de la question d'écoulement dans les prairies. Cela simplifie encore la question du drainage qui tend tous les jours à sortir du domaine de la science proprement dite, pour devenir une opération pratique que chaque cultivateur comprendra et parviendra à appliquer sans peine.

Puis, il faut le dire, un terrain assaini ne donne beaucoup d'eau que pendant les premiers mois qui suivent inmmédiatement l'opération de drainage; il ne s'agit plus, ensuite, que d'évacuer la portion des eaux de pluies, surabondante à celle qui est absorbée par l'évaporation et par l'imbibition complète de la terre que ces eaux ont à traverser, terre d'une nature plus ou moins hygroscopique, mais qui, comme nous l'avons dit, peut retenir un dixième de son poids d'eau, à moins qu'il ne s'agisse de sables quartzeux sur une grande profondeur, cas dans lequel le drainage n'est généralement pas applicable.

Nous dirons pour en finir, au sujet des évacuateurs, que la plupart des vallées appartenant au terrain tertiaire, permettront toujours de creuser des puisards, par la raison que la craie se trouve généralement à peu de distance du sol. Il résulte de là que les marais tourbeux de l'Oise, de la Somme, du Pas-de-Calais, qui sont à-peu-près improductifs aujourd'hui, peuvent être transformés en prairies fertiles.

CHAPITRE XVIII.

ÉCOULEMENT DES EAUX PROVENANT DES TERRAINS DRAI-
NÉS D'APRÈS LE SYSTÈME D'ESPACEMENT A GRANDE
DISTANCE.

On a émis des doutes sur la question de savoir si, dans les terres drainées, d'après la méthode d'espacement à grande distance, les eaux pourraient s'écouler assez promptement, pour ne pas nuire aux plantes, pour ne pas rendre les labours impossibles pendant trop longtemps. Il n'y a aucune crainte à concevoir ; voici pourquoi : il tombe, année moyenne, par hectare, ainsi que nous l'avons déjà dit, une quantité d'eau que l'on peut évaluer à près de 5,500 mètres cubes. La saison des pluies, dure environ quatre mois ; mais, le nombre de jours pendant lesquels il pleut beaucoup, peut varier entre 100 et 110. Ce serait donc, par jour et par hectare, 55 mètres cubes. En admettant trois jours successifs extrêmement pluvieux, il y aurait à évacuer 165,000 litres d'eau ; mais, l'évaporation étant, en hiver, de 25 p. 100, et, en été, d'environ 80, il ne resterait pour la filtration, à l'époque la moins favorable de l'année, que 127,750 litres, par hectare. Eh bien ! en supposant même un espacement de 30 mètres, nous aurions, au moins, trois drains dans un hectare, et chaque drain n'aurait à évacuer que 41,250 litres en trois jours, soit 13,750 par 24 heures, c'est-à-dire, le tiers à peine de ce que peut débiter un tuyau de 0,375 de diamètre intérieur, en supposant une faible vitesse de 0,50 à la seconde. Le débit d'un petit tuyau, étant les deux tiers environ de celui des moyens, il est constant que, dans tous les cas *où il s'agira seulement d'évacuer les eaux de pluie*, les tuyaux de la plus petite dimension suffiront.

M. Gareau a cité le fait suivant qui résulte de deux tableaux dressés par M. le comte de Courcy, et qui indiquent la quantité d'eau évacuée, au moyen du drainage. Une pièce dite le *Potager*, domaine de la *Fortelle*, d'une contenance de 1 hectare 57 centiares, a donné, en 1851, pendant 58 jours d'écoulement continu, du 28 mars au 24 mai, 650 mètres cubes à l'hectare, c'est-à-dire, en moyenne, 11,000 litres par jour.

En 1852-53, du 15 décembre 1852 au 25 mai 1853, pendant une période de 164 jours, le volume d'eau débité par les tuyaux, a été de 1,950^m cubes par hectare.

Il résulte de là, que la moyenne, par hectare, n'a pas même atteint le chiffre de 11,900 litres par jour, quantité inférieure pourtant à nos évaluations. Nous avons par conséquent, de bonnes raisons, pour penser que nous sommes dans le vrai et que les règles que nous indiquons, peuvent être adoptées sans crainte de mécompte.

Toutefois, nous dirons aux draineurs : *Plus vous donnerez d'espacement, plus grands devront être vos tuyaux ; notre système, à grand espacement, ne doit être appliqué qu'autant que la pente du terrain est assez prononcée, ou que l'évacuateur général se trouve assez en contre-bas des drains ordinaires, pour qu'il soit possible de leur donner autant de profondeur que l'exige le succès de la nouvelle méthode que nous conseillons d'appliquer.*

On a remarqué que le débit des tuyaux varie suivant la nature des cultures. Ainsi, une pièce drainée donnera plus d'eau quand elle sera en blé, que quand elle sera en luzerne ou en trèfle. Cet effet s'explique aisément.

On a demandé si, en ne laissant qu'une distance d'un millimètre entre les petits tuyaux, surtout, on pouvait espérer que les eaux trouveraient un écoulement facile. Quand je dis *une distance d'un millimètre*, j'entends la moindre distance possible.

Tous les calculs faits par les savants qui se sont occupés sérieusement de la question, permettent de répondre affirmativement; mais, comme il importe que le drainage ne semble pas une de ces choses dont la discussion ou l'examen doive rester exclusivement dans le domaine de la science, j'ai dû, jusqu'à présent, appuyer mes assertions de raisonnements à la portée du plus grand nombre; je continuerai.

Si les tuyaux se touchent, *autant que le permet leur confection*, c'est-à-dire, qu'ils ne soient distants les uns des autres que d'un millimètre au plus, nous aurons pour chaque interstice un rectangle d'une longueur égale à la circonférence du vide du tuyau, et d'un millimètre de hauteur, ce qui nous donnera une surface de 0,000087 (1).

---

(1) Le diamètre du vide étant de 0,0277, la circonférence est de 0,087, et chaque rectangle partiel peut être représenté par cette valeur : 0,087 × 0,001 = 0,000087.

Il y a évidemment différentes longueurs ; toutefois, comme peu de drains ont moins de 100 mètres de développement, nous admettrons cette base, pour fixer les idées. Nos tuyaux ayant de 0^m 34 à 0^m 35, nous n'aurions guère, dans 100 mètres, que 290 interstices ; mais, la longueur ordinaire étant de 0,33, au plus, dans tous les lieux de fabrication, nous aurons le nombre 300 comme facteur, et nous trouverons que la surface totale d'écoulement est de $0,000087 \times 300 = 0^m 0261$; l'eau ne pénétrant guère dans les interstices, que sur les $^3/_5$ du pourtour des tuyaux, nous n'avons à compter que $\dfrac{261 \times 3}{5} = 0,01566$.

Si l'eau pénétrait dans tous les vides avec une vitesse égale, de 1 mètre à la seconde, par exemple, nous aurions un débit de 15 litres 66 dans le même temps, puisque l'eau écoulée se trouverait représentée par un volume ayant un mètre de hauteur, 0.01566 pour base, c'est-à-dire, 1,566 fois la cent-millième partie d'un mètre cube qui contient 1,000 litres, ou 15 litres 66, comme on vient de le voir.

Dans un jour, on évacuerait, par conséquent, 1 million 353,000 litres d'eau ; mais, la vitesse, en égard à la manière dont l'eau arrive dans les drains, n'est guère, en moyenne, que de $^1/_{10}{}^e$, c'est-à-dire, de 0,025, ce qui donne seulement 33^m 825, débit suffisant, et au-delà, pour prouver combien sont peu fondées les craintes que l'on pourrait concevoir sur l'emploi des petits tuyaux et sur l'application du système à grand espacement.

Voilà des données théoriques ; voici des faits :

Au Becquet, dans une propriété appartenant à M. de

Saint-Germain, un tuyau de 0,05 de diamètre intérieur qui servait de collecteur pour une surface de 2 hectares 75 centiares, a débité, pendant longtemps, 44,000 litres d'eau par jour. Il ne coulait cependant pas à plein calibre. Au bois de Cailly, propriété de M. Michel-Wallon, un tuyau de même dimension, qui coulait sur le tiers de son calibre, a donné, pendant plus d'un mois, 34,500 litres d'eau par jour.

M. Josiah Parkes, l'un des princes de la science du drainage en Angleterre, a reconnu que des tuyaux d'un pouce de diamètre, ont suffi à l'écoulement *complet*, en deux jours, d'une des plus fortes pluies constatées. Cette pluie avait été de 120 mètres cubes ou 120,000 litres par hectare.

En admettant le minimum d'évaporation, c'est-à-dire 25 p. 100, il restait 90 mètres cubes à évacuer, et quand même il n'y aurait eu que trois drains, il suffisait que chaque ligne débitât 15,000 litres par jour. Donc, encore une fois, le système à grand espacement ne paraît présenter aucun inconvénient, et l'emploi des petits tuyaux est possible toutes les fois qu'il n'y a pas de nappes d'eau souterraines.

CHAPITRE XIX.

DISPOSITION DES DRAINS. — PENTE A DONNER AU FOND DES TRANCHÉES.

Les fig. 2, 3, 4 et 5, de la planche 1, indiquent la disposition des tranchées dans toutes nos opérations de drainage. Nous avons adopté le système de barbes de plume, afin de faciliter l'écoulement des eaux des drains secondaires qui fonctionnent d'autant mieux qu'ils se rapprochent plus de la direction du collecteur, lequel doit toujours être établi suivant la ligne de la plus grande pente.

Si le fait seul de l'existence du protoxyde de fer ou du carbonate calcaire, est déjà une raison assez puissante pour déterminer à toujours donner aux drains ordinaires, une direction qui se rapproche le plus possible, de celle des collecteurs, cette nécessité résulte encore de toutes les considérations qui doivent servir de guide au draineur, s'il tient, ce qui ne peut être douteux, à rendre l'écoulement facile en tout temps, à éviter les engorgements. Dans deux circonstances particulières, nous avons eu des tuyaux engorgés par du péroxyde de fer : dans le premier cas, cet effet était indépendant de la direction des tuyaux d'embranchement ; mais, dans le second, il n'y avait que le tuyau d'embranchement qui fût engorgé complétement, et cela, un an à peine, après l'exécution des travaux.

Quand nous avons effectué les travaux du drainage que représente la fig. 23, ci-après, nous avons été frappé de l'effet qui se produisait à l'embranchement ou au confluent des drains ordinaires qui formaient un angle moins aigu que les autres. Les eaux refluaient sur une grande longueur, et l'écoulement n'avait lieu qu'au moment où le niveau des eaux des drains ordinaires se trouvait relevé de 5 à 6 centimètres.

Cet effet se remarque à tous les confluents, quelle que soit l'importance des cours d'eau. Aussi, conseillerai-je toujours de donner aux drains une direction très-oblique,

Fig. 23

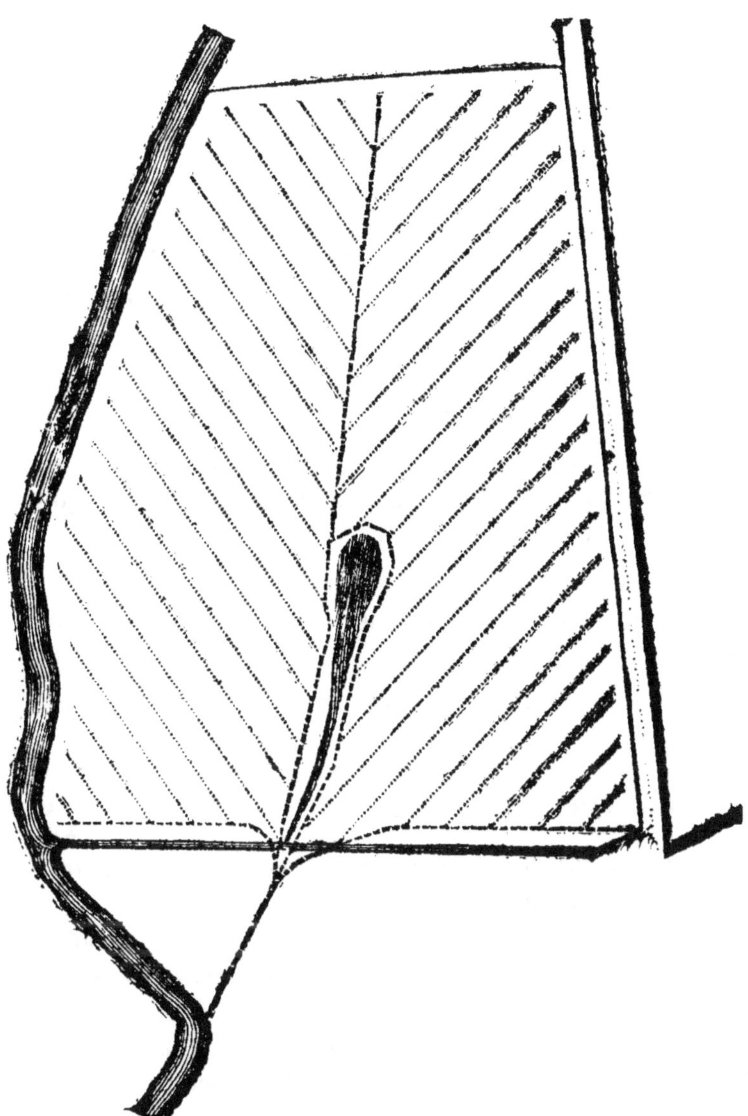

en se rapprochant, le plus possible, je le répète, de celle
du collecteur.

On comprend aisément, qu'à part la question du choc des veines fluides, il y a à considérer la possibilité d'obtenir une plus grande pente, question capitale sur laquelle je ne saurais trop insister.

M. Loisel fils, cultivateur à Feuquières, un de mes amis qui a eu occasion de lire un numéro d'une publication mensuelle que dirige un ingénieur civil qui n'a pas fait preuve à notre égard, de charité chrétienne, a remarqué, avec quelque surprise, que le système de raccordements à angles très-ouverts, paraît avoir été appliqué par cet ingénieur civil sur plusieurs domaines considérables. Quoique M. Loisel m'ait toujours montré la plus grande confiance, il a cru devoir prier le rédacteur en chef du *Draineur*, de lui donner quelques explications sur les motifs qui le portaient à adopter un système que nous avons toujours combattu.

Comme cette question est réellement très-importante, je crois qu'on lira avec intérêt, la correspondance **textuelle** de M. Loisel avec le savant rédacteur en chef du *Draineur*, dans laquelle ce sujet est traité avec quelques détails.

Voici la lettre de M. Loisel :

Nous entendons dire dans nos campagnes par des personnes qui s'occupent beaucoup de drainage :

1° Que *cette opération laisse à désirer* toutes les fois qu'on *fait parcourir aux eaux des drains, les deux côtés d'un triangle au lieu de les diriger suivant le plus grand côté ;*

2° **Que la direction doit, par cela même, se rapprocher autant que possible de celle du collecteur dans lequel doivent tomber les eaux ; que cette disposition est d'autant plus rationnelle que le débit du collecteur se trouve beaucoup moins gêné, quand l'angle formé par les confluents, est très-aigu.**

On nous a montré, pour nous prouver que ce principe a quelque chose de concluant, l'effet qui se produit dans les cours d'eau qui forment à leur rencontre un angle trop ouvert. Nous avons parfaitement reconnu qu'il y a toujours *reflux* dans l'un des deux, et que le remous se fait sentir sur une étendue d'autant plus considérable que l'angle de rencontre se rapproche plus de 90 degrés.

Nous avons vu enfin, à l'extrémité de drains arrivant sous un angle trop ouvert, de fort beaux jets d'eau après de grandes pluies.

Or, dans vos plans, les drains ordinaires font avec les collecteurs des angles très-grands, trop grands à mon avis. Ai-je tort ? Ai-je raison ? Voilà ce qu'il nous importe beaucoup de savoir, à nous, qui sommes loin d'être des hommes spéciaux comme vous et auxquels on dit d'un côté : ouvrez vos angles à volonté ; il importe peu que l'eau soit obligée de parcourir 70 mètres ou 50 mètres pour arriver au même point, quand d'un autre on nous crie : Pour parcourir 50 mètres de distance, toutes choses égales d'ailleurs, l'eau mettra moins de temps que pour faire un trajet de 70 mètres ; comme le quotient de $1/50 > 1/70$, et qu'il est évident que le débit total d'un drain est égal à la vitesse de l'élément multiplié par la section, la masse d'eau écoulée par le drain de 50 mètres sera plus considérable, proportion gardée, que celle qui s'écoulera par le drain de 70 mètres. Je dis proportion gardée, parce que le drain de 70 mètres prendra plus d'eau sur son parcours que celui de 50 mètres.

Je serais heureux que cette question vous parût assez importante pour vous décider à me répondre.

Agréez, etc. LOISEL fils.

Le fac-simile de la première réponse manuscrite de M. Vianne se trouve après la table.

Voici la seconde :

Les lignes des drains doivent être établies de manière à favoriser le plus possible l'infiltration des eaux au travers des canaux capillaires ; il convient donc de les diriger suivant la plus grande pente du sol ; ce principe généralement reconnu, ne souffre aucune objection ; reste donc la question de la direction à donner aux drains collecteurs. Nous disions : Il faut éviter la rencontre de deux lignes de petits drains vis-à-vis l'une de l'autre dans un drain principal, et leur jonction avec le drain collecteur *doit toujours avoir lieu sous un angle aigu ;* l'angle de 60° est celui dont il faut chercher à se rapprocher : il raccourcit autant que possible la longueur des drains, tout en assurant un écoulement facile.

Mais il n'est pas toujours possible de placer les collecteurs de manière à former un angle aigu avec les lignes des petits drains. Lorsque ce cas se présente, on infléchit un peu le petit drain sur environ 1 mètre de longueur, et la jonction avec le drain collecteur se fait alors sous un angle convenable.

Il y a reflux dans les cours d'eau qui se rencontrent sous un angle trop ouvert, parce que leur niveau au point de jonction est sensiblement le même ; mais dans les drainages bien exécutés, le niveau du petit drain étant plus élevé que celui du drain collecteur, qui, débitant une masse d'eau beaucoup plus grande, entraîne sans obstacle celle qu'il reçoit dans son parcours.

Dans les travaux dont nous sommes chargé, nous appliquons autant que possible les principes que nous indiquons, et nous nous en sommes toujours bien trouvé. Nous avons fait exécuter plus de cent cinquante drainages dans ces conditions et n'avons jamais essuyé le moindre mécompte.

Afin de nous rendre compte des effets produits, nous avons fait démonter des parties exécutées depuis plusieurs années, où les drains se rencontraient à angle droit ; mais avec la précaution d'infléchir les tuyaux à leur jonction avec le drain collecteur : nous n'y avons jamais rencontré la moindre obstruction de nature à entraver l'écoulement de l'eau.

D'après notre système, la longueur des drains collecteurs se trouvant sensiblement diminuée, nous nous trouvons donc dans le second cas cité, c'est-à-dire que nous avons moins de distance à parcourir pour une égale quantité d'eau à débiter. Cependant cette observation revient à l'emploi de tuyaux d'une section plus ou moins grande.

Cette réponse est-elle concluante? Il ne m'appartient pas de m'expliquer à ce sujet.

Quoi qu'il en soit, la prédilection de M. Vianne pour les embranchements à angle droit, a pu de nouveau être constatée au Concours universel agricole de 1856.

La fig. 3, donne une idée du système que nous recommandons et dont l'application nous a permis de vaincre une des plus grandes difficultés que nous ayons rencontrées, et qui consistait à obtenir une pente suffisante pour l'écoulement des eaux.

Sur plusieurs points, nous n'avons donné que 0^m 002 de pente; sur d'autres, 0^m 001 seulement, et cependant nous avons complétement réussi.

Nous avons obtenu les mêmes résultats, à la Chaussée de Gouvieux, dans la belle prairie de M. Aumont.

La fig. 2, représente une pièce appartenant à M. le duc de Mouchy, où le drainage, à grand espacement et à grande profondeur, a été appliqué en 1854.

Les drains ayant une assez grande longueur, nous avons pratiqué des bouches de dégagement sur beaucoup de points, et nous avons ouvert, dans le bas, de petites tranchées intermédiaires, aussitôt qu'il ne nous a plus été permis d'obtenir une profondeur suffisante.

Dans les parties hautes de la section de gauche, où l'espacement des drains est de 13 à 15 mètres seulement, nous avons placé des petits tuyaux sur une longueur de 100 mètres; pour le reste, nous avons employé des tuyaux de 0^m 0375 de diamètre.

C'est une précaution que je recommanderai aux drai-

neurs, en appelant, une fois encore, toute leur attention sur la nécessité de proportionner les moyens d'é-
coulement aux quantités d'eau probables que l'on a besoin d'évacuer.

Nous employons pour nos collecteurs, soit de gros
tuyaux seuls, soit deux côte à côte, soit trois petits ensemble en pyramide. C'est une question qui ne peut présenter d'embarras. On emploie ce que l'on a, et si on
procède avec réflexion, on peut compter sur d'excellents
résultats.

CHAPITRE XX.

OUTILLAGE SPÉCIAL POUR CERTAINES TERRES.

Dans tous les terrains d'une consistance ordinaire,
nos ouvriers n'emploient plus que trois espèces d'instruments, et vont cependant très-vite en besogne. Ces trois
instruments sont la bêche ordinaire, figure 24, dont la
forme est la même que celle de la partie inférieure
d'une tranchée ouverte, et qui, arrondie à la base,
permet de terminer à-peu-près complétement les drains
collecteurs, et de creuser les drains ordinaires, de manière
à ce qu'avec une troisième bêche d'une plus petite dimension, mais exactement semblable, on puisse aller,
d'un seul coup, à la profondeur voulue. Fortes et solide-
ment emmanchées, ces bêches donnent les moyens de
préparer très-promptement une tranchée.

Les curettes, écopes ou *varigus*, sont employées
moins fréquemment, et eu égard à la nouvelle disposition

Fig. 24.   Fig. 25. de la partie intérieure coupée en sifflet, figure 25, et des bords un peu évasés et amincis de manière à permettre de nettoyer aisément et très-vite les parois, l'ouvrier gagne beaucoup de temps.

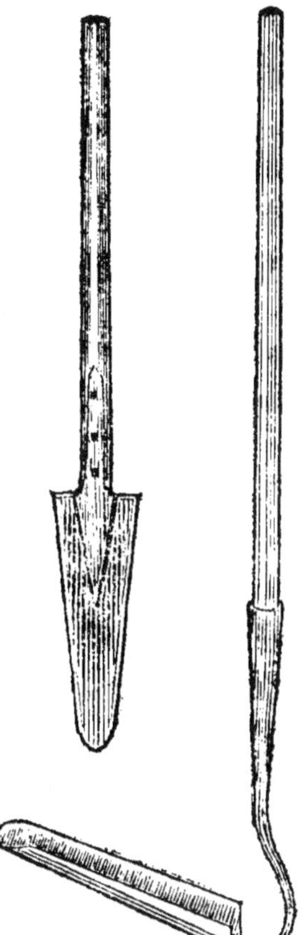

L'instrument qui sert à placer les tuyaux a été également modifié. C'est aujourd'hui, comme on l'a vu page 60, une lame à-peu-près plate, dentée, d'une épaisseur suffisante, qui rend facile et prompt, le placement des tuyaux avec ou sans manchons. On tient cet instrument propre sans peine. Il est, d'ailleurs, d'une très-grande simplicité.

L'emploi de ces outils qui coûtent fort bon marché, aura pour résultat de réduire la dépense dans des proportions considérables.

Nous employons pour préparer les tuyaux d'embranchement, un tout petit instrument qui est fort simple et fort commode. C'est tout bonnement un marteau très-léger, en acier bien trempé, ayant la forme d'une tournée, à pic d'un côté, et à lame plate ou hachette de l'autre. Le pic ressemble au sommet d'une pyramide quadrangulaire allongée. Il sert à pratiquer de petits trous dans la partie du tuyau collecteur sur laquelle vient s'embrancher chaque drain ordinaire. La lame plate ou hachette sert à terminer l'ouverture et à préparer le tuyau ordinaire, de manière à ce qu'il s'adapte, aussi exactement que possible, avec le collecteur.

Pour ne pas s'exposer à perdre beaucoup de temps et à casser un assez grand nombre de tuyaux, il faut agir avec beaucoup de précaution.

Dans les fabriques bien dirigées, les gros tuyaux sont *éventrés* pour les embranchements, ce qui est d'une grande simplicité, puisqu'il suffit de pratiquer vers le milieu ou aux deux tiers de la longueur, une ouverture ovoïde, au moyen d'un couteau, au moment où la terre est encore *verte*.

De petits et de moyens tuyaux sont également préparés dans le même but, mais d'une manière tout naturellement différente. On coupe, en effet, en bec de flûte, une des extrémités ou même les deux, encore bien qu'une seule doive servir à la fois. Mais, il arrive souvent que les bouts d'embranchement doivent être très-courts et qu'un tuyau *divisé en deux* suffit pour deux drains.

A propos de tuyaux d'embranchement nous croyons devoir citer textuellement une partie de l'article du *Journal des Débats*, du 15 septembre 1855, dans lequel on rend compte de l'exposition de l'honorable M. Damainville, membre du conseil général de notre département, qui fait de louables efforts pour populariser le drainage :

« Les drainages en bois de M. Damainville sont car-
» rés ou hexagones ; ils s'emmanchent l'un dans l'autre,
» et ont, de 20 en 20 centimètres, des ouvertures lon-
» gitudinales, destinées à faciliter l'introduction dans
» leur intérieur des eaux d'égout.

» Dans les terrains marécageux, où les tuyaux ordi-
» naires se posent difficilement et nécessitent l'emploi
» de voliges et de manchons, les drainages en bois, qui
» ont généralement 2 mètres de longueur, se placent
» au contraire avec la plus grande facilité et fonction-
» nent très-bien.

» Les tuyaux en terre ont leurs extrémités taillées en
» bizeau; intérieurement d'un bout, extérieurement de
» l'autre, de manière à ne pas se poser seulement bout
» à bout, mais à se croiser d'environ 1 centimètre,
» d'être ainsi dépendants les uns des autres, et de ne
» pouvoir, comme les autres qui sont simplement ap-
» prochés, donner lieu à des dérangements, à des solu-
» tions de continuité qui peuvent faire manquer la réus-
» site de l'opération.

» Ces tuyaux se préparent avant leur cuisson et lors-
» qu'ils ne sont pas encore complètement secs, au moyen
» d'un tour qu'expose également M. Damainville. Ce
» tour fait avec la plus grande célérité les joints avec
» leurs gorges longitudinales pour le passage de l'eau,
» et les ouvertures latérales destinées à leur assemblage
» avec d'autres tuyaux.

» Nous pensons qu'en ce moment où l'on s'occupe si
» activement du drainage qui rend à la culture tant de
» terrains qui semblaient condamnés à une perpétuelle
» stérilité, la nouvelle invention de M. Damainville peut
» être fort utile à ceux qui s'occupent de ces importantes
» opérations.

» Ces tuyaux en bois, indépendamment des avantages
» que nous venons de signaler, ont celui de pouvoir se
» faire dans tous les pays; en chêne, ils peuvent durer,

» pour ainsi dire , éternellement ; en aune , et même en
» peuplier, d'après les expériences de M. Damainville ,
» ils se conservent fort longtemps dans les terrains cons-
» tamment frais.

» Nous le répétons, ces expériences, dont l'applica-
» tion est déjà faite sur une étendue de terrain considé-
» rable et très-difficile , doivent être prises en très-
» sérieuse considération. Les desséchements des étangs
» de Pondron et du Berval, étangs immenses et séculai-
» res, le drainage efficace et solide de terres enlevées
» à d'abondantes eaux , sont des faits positifs et qui té-
» moignent hautement et à la vue de tous en faveur des
» systèmes si modestement exposés par M. Damainville.
» Nous ne connaissons en effet personne qui ait eu à
» combattre d'aussi grandes difficultés en agriculture,
» et qui les ait aussi heureusement vaincues par son in-
» telligence et sa fermeté.

» Puisque le nom de M. Damainville est revenu sous
» notre plume, nous rappellerons avec plaisir ses *rayons
» artificiels pour nourrir les abeilles.* Cette ingénieuse et
» charmante invention fut envoyée à l'Exposition de
» Londres , et seule , sans protection, sans réclame, né-
» gligée , oubliée presque par l'auteur lui-même, elle
» obtint une médaille et une mention toute particulière.

» Aujourd'hui nous n'avons pas voulu laisser passer
» inaperçus les instruments du drainage que la modestie
» de M. Damainville lui a fait déposer dans un petit coin
» de l'Exposition , et nous nous empressons de les dési-
» gner à l'attention et à l'appréciation des connais-
» seurs. »

M. l'Ingénieur en chef de l'Oise , qui a vu fonctionner

8.

la machine de M. Damainville, nous a paru surpris et satisfait des résultats qu'il a été à même de constater, à Pondron même.

Nous sommes heureux de dire que, le premier, nous avons mis l'idée de M. Damainville à exécution.

Ainsi, au concours régional de Beauvais de 1854, au concours de l'arrondissement de Meaux et au concours général de Paris, de la même année, nous avons exposé des tuyaux confectionnés d'après le système de M. Damainville et sur ses indications, c'est-à-dire, taillés en bizeau.

M. Damainville marche toujours vers le même but, le progrès. Partout et toujours, nous l'avons vu aux premiers rangs de la phalange qui a inscrit ce mot sur sa bannière.

On nous a fait des observations sur le dessin de la charrue à double versoir, page 65, en nous engageant à la représenter sous un autre aspect, afin de permettre aux ouvriers intelligents d'en confectionner de semblables, sans autres indications que celles que fournit le Manuel.

La figure 26, d'autre part, prouve que nous avons trouvé ce conseil bon à suivre.

Nous n'avons rien de plus à dire de nos instruments. Le rapport de M. Gomart, secrétaire-général du comice de Saint-Quentin, qui faisait partie du jury au concours régional de Beauvais, en 1854, nous dispense d'entrer à cet égard dans de longs développements :

« La série remarquable des instruments de drainage fabriqués par l'Association de l'Oise, la charrue pour creuser et fouiller les drains, la herse-rateau pour les combler, ont attiré l'attention du jury. Ces utiles auxi-

Fig. 26.

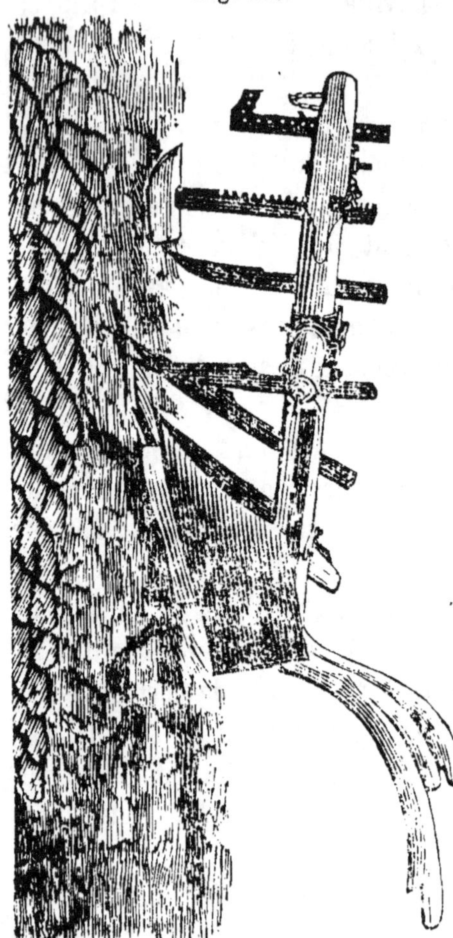

liaires du drainage doivent contribuer à abaisser les frais de cette pratique, et donner une plus grande importance aux travaux d'assainissement des terres. Le jury a applaudi à ces efforts et les a récompensés d'une médaille d'or qu'il a décernée à l'Association agricole de drainage du département de l'Oise, dans la personne de M. *** »

Nous avons obtenu le même honneur à La Ferté, à Paris au concours général de 1854, au concours d'Amiens, à l'exposition universelle de 1855, et au concours régional de Tulle de 1856 ; nous avons donc des raisons de penser que nos instruments peuvent être utilement employés.

Nous ajouterons, enfin, que l'Aisne, Seine-et-Oise, l'Eure, la Somme, la Haute-Vienne, les Landes, nous ont demandé des échantillons de nos outils spéciaux et de nos principaux instruments, et que dans les endroits où ils ont été exposés, il s'est toujours trouvé des **amateurs** pour les acheter.

Nous vendons à prix coûtant, et nous ne faisons confectionner que sur commande. C'est donc dans l'**intérêt** du drainage seulement que nous agissons.

CHAPITRE XXI.

APERÇU DES PERTES CONSIDÉRABLES QU'ÉPROUVE L'AGRICULTURE, EU ÉGARD A L'ÉTAT ACTUEL DES TERRES QUI POURRAIENT DONNER D'EXCELLENTS PRODUITS, SI ELLES ÉTAIENT ASSAINIES.

J'affirmais, dans une lettre que j'adressais à M. le préfet de l'Oise, il y a déjà quatre ans, que le jour où l'on drainerait quelques hectares de terre, à partir principalement du pont de Saint-Léger-en-Bray, jusqu'à la chapelle d'Auneuil, on *jetterait un million* dans le **canton de** ce nom. J'admettais que les résultats, qui devaient se produire, détermineraient tous les cultivateurs, à recourir aux seuls moyens qu'ils puissent employer pour obtenir de bonnes récoltes, sur une étendue très-considérable de terres en culture.

J'avais examiné la question avec la plus grande attention ; mais, je n'avais pas de détails suffisants pour justifier mon affirmation. Un de mes collaborateurs, M. Patin, a bien voulu se charger de m'en fournir ; ils résultent de renseignements pris sur les lieux mêmes, en présence de plusieurs propriétaires.

A Rainvillers, nous avons trouvé 27 hect. 93 ares
de terres où le blé a manqué, ci.......   27^h 93^a

A Saint-Léger....................   224   77

A Auneuil   173   49

Total...........   426^h 19^a

Les calculs que nous avons faits, pour évaluer la
perte réelle éprouvée dans ces trois localités, ont donné
pour résultat 82,900 fr., ce qui représente un capital de
près de deux millions; et cependant, ce n'était pas encore tout, parce que ni les prairies ni les céréales de
printemps n'avaient été comprises dans notre travail.

Si nous raisonnons par induction, nous trouverons
que la perte peut s'élever, dans douze communes seulement de ce même canton, à plus de 170,000, quand les
années sont pluvieuses.

Dans trois communes du canton de Grandvilliers,
nous avons pu constater, en 1854, année tout-à-fait
exceptionnelle, pourtant, les résultats suivants :

Commune de Feuquières : blé manqué.   15^h 50^a

Commune de Grandvilliers, *idem*...   17   25

Commune de Halloy,   *idem*...   18   05

Total..............   50^h 80^a

On pourra nous dire que nous avons choisi, pour le
canton d'Auneuil, une année exceptionnelle. A cela,
nous répondrons que nous avons pris les faits à l'époque
où ils se sont produits ; que si, chaque année humide,
depuis vingt ans, n'a pas été aussi fatale que l'ont été
1812, 1816, 1846 et 1853, il y a encore eu des pertes

considérables à constater en 1854, dans beaucoup de communes ; qu'en 1855, la rouille a fait de grands ravages ; qu'en 1856, il y a à craindre un assez grand déficit ; que le drainage est évidemment le seul remède contre le retour de semblables calamités, puisque dans une terre drainée, à Flambermont, près Beauvais, par M. Adam, terrain qui se trouvait absolument dans les mêmes conditions que ceux où l'on n'a obtenu aucun produit, dans le canton d'Auneuil, ce propriétaire a récolté, par hectare, 500 gerbes de blé dont le rendement a été de 24 hectolitres. En portant à 500 fr., tout compris, les frais faits par M. Adam, dans sa pièce du moulin à vent, nous trouvons que le propriétaire a pu les couvrir, en une seule année, et retirer, en outre, 140 fr. par hectare, bénéfice dont se contenteraient la plupart des propriétaires des meilleures terres de France.

M. Adam reconnaît lui-même que les terrains placés dans les mêmes conditions que sa pièce drainée, *n'ont rien produit;* qu'il a fallu les ensemencer de nouveau, au mois de mars. Il y a donc eu une différence du tout au tout en 1853, entre les terrains assainis et les terres humides auxquelles on n'a pas appliqué le drainage.

CHAPITRE XXII.

PRIX DE REVIENT DU DRAINAGE.

On s'est beaucoup préoccupé du prix de revient réel du drainage, dans les différentes conditions où on peut l'appliquer, et, jusqu'à présent, il a été à-peu-près impossible de fournir d'indications générales assez précises, pour fixer les idées sur ce point.

Si nous avons fait drainer à des prix assez élevés, nous avons pu descendre quelquefois à 135 fr., et notre moyenne, en définitive, pour quarante opérations ordinaires, n'a pas dépassé le chiffre de 250 fr., par hectare.

Voici quelques détails relatifs à ces opérations :

Espacement de 15 mètres, profondeur de 1ᵐ 35.

Creusement : 750 mètres courants de drains à 0ᵐ 12, ci ……………………………………………	90ᶠ	»
Remplissage : 650 mètres courants de drains à 0ᵐ 025, ci…………………………	18	75
2,200 tuyaux à 27 fr. 50 le mille, ci……	60	50
Pour transport, approche, y compris charge et décharge, (pour une distance de 30 kilomètres), ci……………………………………	20	»
Placement des tuyaux et des tuileaux, y compris le rangement le long des drains, ci..	7	50
Tuileaux ou matériaux quelconques pour placer sur les joints (transport compris), ci..	10	»
Etudes, frais accessoires, ci………………	23	25
Outils (usure seulement), ci………………	20	»
Total……………	250	00

Si, comme on peut le faire, on emploie pour une partie, pour la moitié, par exemple, des tuyaux d'une moindre dimension; si, d'un autre côté, on a moins de 30 kilomètres à parcourir pour le transport; si, de plus, on a des pierres, des tuileaux près du lieu où se fait le drainage, et que le terrain soit d'une fouille facile; si, enfin, on applique cette opération à une grande étendue de terrain, les frais généraux seront évidemment moins élevés. On pourra descendre, ainsi, à 200 fr. au plus. Avec une pente longitudinale convenable, et dans les mêmes conditions, eu égard au terrain et à la distance de transport de tuyaux, on arriverait peut-être même au chiffre de 180 fr., avec un espacement de 20 mètres, qui donnerait généralement des résultats certains.

On n'aurait plus, dans cette hypothèse, que 500 mètres courants de drains à ouvrir à 0 fr. 13, ci. 65 00

500 mètres à remplir à 0 fr. 03, ci....... 15 00

1,500 tuyaux à 27 fr. 50, ci............... 41 25

Idem pour transports, etc., ci...... 15 00

Idem pour placement, etc., ci...... 6 00

Tuileaux ou pierrailles, etc., ci............ 5 00

Etudes, frais accessoires, ci 22 75

Outils (usure seulement), ci................. 12 00

Total............ 181 95

Admettons un terrain facile, une fabrique de tuyaux voisine du lieu où l'on draine, une surface à drainer d'une grande étendue, et nous arriverons à 160 francs au plus.

Il est important d'ajouter que, dans ces prix, il n'est pas question de *collecteur*; que la nécessité où l'on peut se trouver d'en creuser à travers des terrains n'appartenant pas à la personne qui fait drainer, augmente nécessairement, et souvent dans de fortes proportions, les prix que nous venons d'indiquer, si, surtout, on applique le drainage à une étendue de terrain peu considérable. Il y a, en outre, un cas spécial dans lequel il y a des précautions particulières à prendre; c'est quand on draine un terrain enclavé dans des propriétés de même nature. Il faut isoler complétement ce terrain, établir autour, une espèce de *cordon sanitaire*, eu égard aux raisons que nous avons indiquées. Si la pièce drainée est grande, la dépense de circonvallation est peu appréciable, par hectare ; mais, si, comme cela nous est arrivé chez M. Pelletier, à Noailles, on draine 0ᵃ 40ᵉ dans une propriété autour de laquelle une tranchée d'isolement a été jugée nécessaire, la dépense sera relativement très-élevée.

Dans certains cas, on peut faire creuser des drains à raison de 0,08 à 0,10ᵉ tout compris ; mais, dans ces circonstances, il est généralement impossible d'aller à une bien grande profondeur, et il faut dès lors rapprocher les drains, employer, par conséquent, plus de tuyaux, ce qui revient absolument à la même chose.

Dans d'autres circonstances, enfin, on peut porter l'espacement à 25 et même à 30ᵐ, et obtenir de fortes réductions, quoiqu'alors il faille creuser à de plus grandes profondeurs.

Le prix de revient du drainage, est donc, par sa nature même, essentiellement variable ; aussi, un traité à forfait, est toujours une chose fort délicate que ni propriétaires ni entrepreneurs n'ont intérêt à faire. Voici pourquoi :

Si le terrain offre des difficultés qu'il n'ait pas été possible de prévoir, ce qui arrive neuf fois, sur dix, l'entrepreneur à forfait, se trouve placé entre deux écueils : il faut ou qu'il perde beaucoup ou qu'il exécute mal. Mettre un homme dans cette position, c'est gravement l'exposer. Admettons un tour de force, c'est-à-dire, que le propriétaire exerce une surveillance telle , que la fraude soit impossible ; cette surveillance de tous les instants , lui coûterait fort cher , et cependant il arriverait très-probablement ceci : c'est qu'un procès s'engagerait , et que l'une des parties intéressées perdrait beaucoup d'argent , sans que l'autre en gagnât. Est-ce là ce que l'on doit désirer ? Evidemment non , Eh bien ! pour que cela n'arrive pas, *ne traitez, à forfait , avec personne.* Prenez , à la journée , un contre-maître intelligent qui suivra, sous vos yeux , les indications que vous aura fournies un de ces hommes encore trop-rares en France , qui aura étudié sérieusement la question et qui aura fait de nombreuses applications. Traiter avec des Compagnies de spéculateurs , c'est agir en aveugle , c'est se jeter de gaîté de cœur dans des embarras inextricables ; car, *jamais* , on n'exécutera convenablement des travaux de drainage , tant que l'on aura intérêt à les effectuer dans le moins de temps possible.

Cette déclaration , faite un jour , par moi , à propos du caractère spécial de notre Association , a blessé au vif, m'a-t-on assuré , un homme d'affaires qui croit peu à la philanthropie. Je la renouvelle , cependant , et , dût-elle m'attire une seconde attaque de sa part , je la maintiendrai.

On m'a dit quelquefois ceci : Les travaux que vous avez payés de 0,13ᶜ à 0,20 le mètre courant, nous les faisons exécuter pour 10. J'ai tenu à m'assurer de l'exactitude de cette déclaration , et j'ai reconnu qu'elle était l'expression de la vérité. Mais, j'avoue que ce bon marché ne m'a rien moins que séduit ; il m'a , au contraire, péniblement affecté , par la raison qu'il m'a été prouvé que les hommes, qui creusaient des drains dans ces conditions, ne gagnaient pas assez pour vivre, encore bien qu'ils fussent constamment les pieds dans l'eau. Faire drainer, c'est-à-dire, doubler la valeur de sa propriété, en profitant de la position malheureuse où se trouvent fatalement presque toujours les ouvriers, pendant la mauvaise saison, c'est agir peu charitablement, c'est faire précisément le contraire de ce que j'avais cherché à obtenir quand nous avons fondé l'Association agricole de drainage, et de ce que nous avons obtenu, tant que j'ai dirigé les travaux qu'elle s'était chargée de faire exécuter. C'est, à vrai dire, une des principales raisons qui m'ont déterminé *à frapper, pendant plus de trois ans, comme frère quêteur, à la porte des heureux de ce monde et des hommes* auxquels je supposais de bons sentiments, pour obtenir d'eux, soit une adhésion morale, soit un concours matériel. Nous désirions que l'ouvrier assez intelligent, assez courageux pour faire du drainage, en plein hiver, fût bien rétribué ; nous cherchions à l'attacher au sol par ce moyen, à le moraliser enfin. Nous sommes heureux de penser que nous avons fait des citoyens tranquilles, rangés, laborieux, d'hommes qui laissaient peut-être à désirer. Nous continuerons notre œuvre, autant que cela nous sera possible, avec la position qui nous a été faite.

Revenons aux prix de fouille des tranchées.

Si des terrains ont permis de les creuser à raison de 0,06 à 0,10^c, dans d'autres, il a fallu payer de 0,25 à 1 fr. Ainsi, à Satory, on a constaté qu'un homme ne pouvait creuser, par jour, plus de 1^m 50 à 3^m de tranchée. Aussi, a-t-on cru devoir suspendre le drainage du camp, entrepris, cependant, avec le concours du génie militaire. Au bois de la Noue, à Chaumontel (Seine-et-Oise), M. Prévost a payé, la fouille seulement, plus de 0 fr. 40 c. A Frocourt (Oise), le contre-maître de M. Gibert a payé, sur certains points, jusqu'à 45 c.

Si on ajoute à cela les difficultés particulières que peuvent offrir la pose des tuyaux, l'éloignement des fabriques, l'élévation du prix et de la main-d'œuvre, dans certaines contrées, on se fera une idée des différences assez grandes qui peuvent exister entre la dépense qu'occasionnerait le drainage de deux hectares de terre, placés, l'un dans de bonnes conditions, l'autre dans des conditions difficiles.

Quand on appliquera le système que nous avons développé, pages 133 et suivantes, il y aura d'importantes réductions possibles.

CHAPITRE XXIII.

DRAINAGE DANS LES TERRES TOURBEUSES.

On se préoccupe beaucoup, dans les contrées tourbeuses, d'en rendre le sol productif, après l'extraction du combustible qu'il fournit. On n'a pas généralement une très-grande confiance dans l'application du drainage, aux terrains de cette nature qui, dans certains cas, peuvent ne former, une fois assainis, qu'une espèce de poussière fine de couleur noirâtre.

Nous avons étudié la question, avec le plus grand soin, et nous nous sommes trouvé à même de constater que les terrains tourbeux, quand il n'y reste pas d'eau stagnante, produisent abondamment, dès qu'on leur donne l'élément calcaire qui leur manque.

Nous avons vu, par exemple, à Saint-Pierre-ès-Champs, près Gournay-en-Bray, dans un herbage tourbeux, assaini par M. Le Brun, fils, au moyen de fascines seulement, de fort beaux produits en céréales et en plantes sarclées, sur la berge d'un large fossé, que l'on avait marnée, à titre d'essai; et il y a quelques années à peine, ce terrain ne rapportait absolument rien; les bestiaux ne pouvaient même pas le pâturer sans danger.

Le même fait s'est produit à Bresles, en 1853, sur deux points différents.

On ne peut donc conserver de doutes sur les résultats que doit avoir, dans les terrains tourbeux, l'opération du drainage, combinée avec le chaulage ou avec le marnage.

Or, comme le marnage et le chaulage sont toujours chose facile, dans un très-grand nombre de vallées, à-peu-près improductives aujourd'hui; comme, ainsi que nous l'avons déjà dit, l'ingénieux procédé de **M. Paumier** permet d'assainir les marais les plus bas, les générations futures n'auront pas à craindre la pénurie des substances alimentaires, et nous sommes en mesure, dès à présent, d'occuper, *en toute saison*, les ouvriers qui pourraient se trouver sans travail.

Si, pour certaines personnes, ces considérations ne paraissent pas avoir un rapport intime avec le drainage, on me pardonnera de m'y être arrêté un instant, en raison du motif si puissant qui m'a déterminé à le faire.

CHAPITRE XXIV.

APPLICATION DU DRAINAGE AUX MAISONS D'HABITATION.

Si le drainage, appliqué aux terrains humides, produit d'heureux résultats, s'il est destiné à opérer dans le monde, toute une révolution pacifique, et cependant d'une portée immense, ce système d'assainissement peut encore fournir les moyens de rendre nos habitations toujours saines, d'assurer ainsi plus de bien-être aux populations de certaines contrées où l'insalubrité des maisons occasionne tant d'affections rhumatismales, tant de fièvres intermittentes.

« Tous les matériaux, sans exception, » dit M. Le Maistre, notre collègue, à l'Académie nationale, « dont
» on fait usage dans le bassin de Paris, sont très-
» poreux.

» Par suite d'une économie mal entendue, ces maté-
» riaux servent indistinctement, à la construction des
» murs de fondation, des murs de refend, des voûtes de
» caves, et même des fosses d'aisance, dans l'édification
» desquelles la chaux n'entre pas pour la plupart du
» temps comme unique mortier, mais trop souvent le
» plâtre, comme dans le reste de l'édifice. La maison
» une fois terminée ainsi, le mal est fait depuis la base
» jusqu'au sommet, quelque bien aérées que soient les
» caves au moyen de soupiraux bien distribués. On vient
» de plonger dans un milieu constamment humide, un
» corps qui va, au moyen de l'attraction capillaire,

» constamment approvisionner d'humidité et de salpêtre,
» une partie des pièces de la maison depuis la cave, je
» ne dirai pas jusqu'au grenier, parce que, à partir du
» deuxième étage, l'humidité, transmise par les murs,
» devenant moins abondante, ses effets deviennent alors
» moins sensibles, l'air en absorbe une grande partie ;
» mais, il n'en est pas ainsi du rez-de-chaussée qui,
» pour la plupart du temps, est inhabitable ; il faut,
» par suite de son commerce, être forcé d'y demeurer,
» pour se décider à faire ce sacrifice. C'est alors que l'on
» cherche tous les moyens possibles de se garer d'un mal
» sans remède. Ce n'était pas après la construction de
» l'édifice qu'il fallait chercher ces moyens : c'était avant
» de poser la première pierre. L'ascension capillaire de
» l'eau, qui sert de moyen de transport au salpêtre
» qu'elle tient en dissolution, produit tout le mal ; c'est
» la pierre ainsi que le mortier qui sont l'instrument. »

Pas d'effet sans cause. Si on n'emploie pas de matériaux poreux, il n'y aura pas d'humidité nuisible à la santé de l'homme. C'est l'avis de M. Le Maistre qui propose des moyens de préserver les maisons d'habitation de l'humidité et du salpêtre du rez-de-chaussée.

Sans discuter le mérite des trois procédés de notre honorable collègue, procédés étrangers à la question que j'ai en vue, je me demande s'il ne serait pas beaucoup plus simple, beaucoup plus économique de drainer l'emplacement des maisons, avant de les construire.

Si les gens riches *seuls* construisaient des maisons d'habitation, les moyens qu'indique M. Le Maistre, ne présenteraient pas de difficulté sérieuse ; mais, malheureusement, c'est l'exception. Aussi, faut-il chercher comment on pourra arriver à assainir toutes les maisons, sans être obligé de faire de grandes dépenses.

Le drainage nous a paru devoir suffire, pourvu que les tranchées, que l'on pratiquerait suivant le pourtour de la maison, fussent assez profondes, pour que l'effet capillaire se trouvât neutralisé par la pesanteur et par l'attraction moléculaire.

Du moment où il n'y aurait plus d'humidité, l'emploi de matériaux poreux, ne pouvant plus offrir autant d'inconvénients, les constructions exigeraient moins de précautions et coûteraient moins cher.

Comme l'existence d'un fossé d'une certaine profondeur, pourrait inspirer des craintes, eu égard à la poussée des terres, déterminée par le creusement des fondations, on pourrait pratiquer les tranchées à une distance des murs, telle qu'elles ne pussent nuire en rien à la solidité de la construction.

La profondeur varierait suivant les lieux, suivant les circonstances ; mais, comme on ne forme guère d'établissement de cette nature, sans creuser ensuite un puits, s'il n'en existe déjà, à peu de distance, on peut évacuer les eaux la plupart du temps, sans avoir de sérieuses difficultés à vaincre. Si nous conseillons de ne plus construre, à l'avenir, sans drainer l'emplacement que doivent occuper les maisons d'habitation, nous considérons tout naturellement comme une mesure indispensable, le drainage des maisons construites.

Une objection très-grave se présente ; car, on se dit : Comment drainer une maison qui existe, ayant fondations, caves, murs mitoyens, etc. ? Il y aurait des dépenses considérables à faire. La réponse à cette question consiste à en poser une autre, que voici : Est-il vrai, oui, ou non, que la santé soit le plus précieux de tous les biens? Est-il vrai, à quelques exceptions près, que le plus malheureux d'entre nous, ferait tous les sacrifices d'argent qui lui seraient possibles, pour la conservation de sa vie, en présence de la mort ou d'un danger imminent? Si on admet comme constante, cette tendance naturelle de l'homme, on trouvera très-rationnel qu'il prenne toutes les précautions nécessaires, pour conserver sa santé et vivre longtemps.

L'objection que l'on fait tout d'abord, et qui d'ailleurs paraît fondée, sous un rapport, perd donc toute sa valeur, parce que les opérations que pourraient nécessiter les travaux d'assainissement que nous recommandons, coûteraient bien rarement assez cher pour ne pas être toujours possibles, au prix que l'on met souvent à se procurer des choses qui ne flattent que le *goût* ou la *vanité*. Et puis, il ne faut pas perdre de vue que des murs secs se solidifieront plus promptement et resteront plus longtemps en bon état, que des constructions exposées à l'humidité.

M. Jacquemard, de Quessy (Aisne), qui s'occupe avec tant de zèle, d'intelligence et de dévouement, de la propagation des bonnes méthodes agricoles, a employé, il y a longtemps déjà, un excellent moyen de remédier aux inconvénients qui résultent de l'humidité des constructions établies sans que l'on ait pris aucune des précautions que nous conseillons.

Ce propriétaire a fait scier les murs de son habitation de Quessy, à 0^m 30 du sol, et a placé dans le trait de scie, des plaques de plomb qui isolent les parties hautes et préservent la maison tout entière, contre les effets qui résultent de l'état humide du terrain sur lequel sont établies ses constructions.

Ce procédé, aussi hardi qu'ingénieux, est peut-être plus sûr que celui que nous conseillons ; mais il est certainement plus coûteux. Quand M. Jacquemard y a eu recours, on ne parlait pas encore de drainage.

Pour évacuer les eaux provenant de l'application de notre système, aux pourtours des maisons d'habitation, on a presque toujours les puits, avons-nous dit, à défaut d'autre moyen, et l'on ne saurait prétendre qu'y faire déboucher le drain ce serait gâter l'eau, par la raison que les eaux de drainage sont généralement d'une pureté et d'une limpidité remarquables. On ne pourrait pas craindre non plus de diminuer la solidité des murailles des puits, puisqu'il suffirait, pour se mettre à l'abri de toute crainte, de placer le dernier tuyau à quelques centimètres de la paroi intérieure, afin que les eaux pussent s'écouler sans dégrader la maçonnerie.

Cette nouvelle application du drainage, sera très-certainement accueillie avec faveur, quand les populations auront pu en apprécier l'importance.

Le drainage est donc un moyen providentiel mis à notre disposition pour augmenter la somme de bien-être à laquelle nous pouvons prétendre. L'homme a d'autant plus de force, à ce point de vue, que sa volonté ne peut rencontrer d'obstacles sérieux, puisque l'exécution des travaux qu'exige ce système d'assainissement, dépend presque toujours de lui seul.

On peut mettre en avant l'impossibilité d'obtenir, d'un voisin, l'autorisation nécessaire pour exécuter des travaux d'assainissement. Cette objection a de la valeur, parce que la loi du 15 juin 1854, ne contient pas de dispositions applicables aux maisons ; mais on reviendra ultérieurement sur la question, sans aucun doute. Ma conviction se base sur cette considération que le Gouvernement, animé du désir de faire de grandes choses, vient d'affecter *cent millions* à l'application du système d'assainissement, que nous avons tant recommandé.

Si ces deux mesures ne sont pas encore aussi complètes qu'on pourrait le désirer, elles auront cependant une influence immense sur la production des substances alimentaires, sur l'assainissement des nombreuses contrées où le climat est meurtrier, à certaines époques de l'année. Les résultats obtenus ne permettront plus la moindre hésitation et un nouvel acte législatif viendra couronner l'œuvre d'avenir, qui vaudra à ses auteurs la reconnaissance des générations futures, l'admiration de la postérité.

CHAPITRE XXV.

FABRICATION DES TUYAUX DE DRAINAGE.

On s'est beaucoup occupé des moyens de fabriquer à bas prix des tuyaux, et on a grandement raison, parce que là est l'avenir du drainage.

Aujourd'hui les machines à confectionner des tuyaux sont assez nombreuses ; elles sont bonnes pour la plupart, et, cependant, les tuyaux que l'on fabrique laissent encore beaucoup à désirer. Cela tient au peu de soin que l'on apporte à cette fabrication, en vue de réaliser des bénéfices plus considérables.

La cuisson est d'une très-grande importance et on ne semble pas s'en douter.

On croit pouvoir se dispenser de rouler les tuyaux, quand ils ont atteint une certaine consistance, et les livrer, par conséquent, plus ou moins déformés ; circonstance qui en rend la pose longue et difficile.

Nous employons, en ce moment, la machine dite à 40 francs, qui permet d'obtenir d'excellents produits, en trop petite quantité, toutefois, pour qu'elle puisse jamais remplacer, avec avantage, l'excellente machine Thackeray.

Les mécaniciens anglais qui, pendant de longues années, se sont livrés à des recherches sérieuses sur la construction des machines destinées à étirer les tuyaux, sont *John Davie*, Ainslie, Thackeray, Clayton et Scragg. Suivant quelques personnes, on doit accorder la préférence à la machine Clayton, que tout le monde connaît aujourd'hui ; pour d'autres, celle de Scragg vaut mieux. Auprès d'un assez grand nombre, celle d'Ainslie, perfectionnée par M. Thackeray, et construite par M. Laurent, ingénieur-mécanicien, rue du Château-d'Eau, 28, à Paris, est restée longtemps en faveur. On parle encore beaucoup de celle de M. Rouillier, de Chelles (Seine-et-Marne), qui n'est autre que la machine Clayton perfectionnée.

On vante celle de Whitehead ; on cite, enfin, celle de Soissons, de Bertin-Godot, comme étant d'un prix qui la met à la portée de tout le monde. Nous avons vu des hommes compétents blâmer, surtout, la première et la dernière ;

mais, comme nous n'avons ni le désir de critiquer, ni la science suffisante pour comparer le mécanisme de ces différentes machines, ce que nous nous bornerons à dire, c'est que l'une de celles que nous a vendues M. Laurent, qui n'est autre que la machine Ainslie, perfectionnée par M. Thackeray, nous a permis de confectionner de bons tuyaux ; que, comparés à ceux que j'ai rapportés de Tubise, de Boulogne et de Watten et à ceux que j'ai vus à différentes expositions, ces tuyaux paraissaient des objets de luxe, si les autres peuvent suffire.

Nous devons donc accorder la préférence à notre machine qui, certes, n'est pas la seule de son espèce, qui permette de confectionner d'excellents tuyaux, puisque celle que nous avions mise à la disposition de M. Leblond-Devé, potier à Saint-Samson, près Songeons, a donné des produits presque aussi beaux que les nôtres ; et que les deux que M. de Chezelles, de Frières-Faillouël (Aisne), a achetées d'après nos conseils, ne laissent, non plus, rien à désirer.

On peut confectionner, dit-on, avec la machine Clayton, une plus grande quantité de tuyaux ; c'est possible ; mais, ce côté de la question n'a pas, à mes yeux, une très-grande importance. La qualité est préférable à la quantité, par la raison, surtout, que, si on produit un tiers en sus, on n'obtient guère qu'une réduction de 1 fr. 50 c. par mille, tandis que si l'on emploie des tuyaux mal confectionnés, quoique bien cuits, le poseur éprouvera des difficultés telles, que la différence de prix dans la confection, sera à peine couverte, et que le drainage offrira moins de garantie, parce que les tuyaux seront posés moins régulièrement.

Les nôtres sont toujours exempts des fissures et des trous dus à la force expansive de l'air comprimé qui se trouve constamment dans les machines à piston.

Jusqu'à ce que de nouveaux faits m'aient amené à changer d'opinion, je resterai fermement convaincu que les machines à cylindre, que nous a livrées M. Laurent, sont les meilleures, et je donnerai, à tous ceux qui me consulteront, le conseil de les employer de préférence à toutes les autres. Légère, elle est facile à transporter d'un lieu dans un autre; occupant peu de place, on trouve toujours un endroit pour la faire fonctionner. Deux hommes et deux jeunes gens peuvent fabriquer 4,000 petits tuyaux dans une journée ordinaire : c'est près de 600,000 dans une campagne. Eh bien ! cette quantité suffira, pendant quelques années encore, dans beaucoup de localités.

Avec une de ces machines et deux fours fort simples, — comme ceux où l'on cuit la brique, — trois hangars, un *lieu de marchage* et une fosse à terre, bien couverte, bien abritée, nous pouvons confectionner, année moyenne, sans peine, sans difficulté, de 600 à 700,000 tuyaux.

Nous employons : 1° de l'argile marbrée ; 2° de l'argile bleue d'une excellente qualité, appartenant à l'étage néocomien. Un mètre cube suffit pour confectionner 2,048 tuyaux de 0,05 de diamètre extérieur, 1,596 de 0,065 et 1,040 de 0,09 ; 2° du gault mélangé avec de l'argile bleue.

Nos tuyaux ont de 0,34 à 0,35 de longueur; les petits pèsent 0^k 680, les moyens 0^k 980, les gros de seconde dimension 1^k 400, les plus grands 1^k 698.

Nous n'avons pas de manége pour broyer la terre ;

notre contre-maître a craint que l'emploi d'un broyeur ne nous permît pas de disposer notre terre, comme on peut le faire au moyen du *marchage*. Habitué à entendre dire que ses tuyaux sont *très-beaux*, il a manifesté le désir de continuer sa fabrication comme il l'avait commencée ; nous n'avons pas cru devoir l'obliger à adopter un mode de procéder contre lequel il a des préventions.

Nous cuisons à Saint-Germain dans nos fours l'équivalent de 36,000 de petits tuyaux. Chaque fournée nous coûte, pour la cuisson seulement, près de 200 fr., c'est assez dire que nous cuisons au bois. Je crois que c'est à cette circonstance et au soin que l'on prend de rouler les tuyaux, que nous devons principalement attribuer la beauté de nos produits.

Nos séchoirs consistent tout simplement en étagères en tringles, disposées dans des hangars où l'air peut librement circuler. Les tringles sont plus ou moins fortes, suivant qu'elles doivent supporter des tuyaux de dimension plus ou moins grande.

Nous faisons confectionner des briques qui se placent le long des parois du four et dans le milieu, de manière à permettre à la flamme de circuler librement, et à rendre facile le placement des différentes lignes de tuyaux. On chauffe, pendant deux jours à petit feu ; ensuite, on chauffe plus fort ; le cinquième jour, on fait grand feu. Quand on a pu s'assurer que la cuisson est arrivée à point, on diminue progressivement le feu, et on laisse les tuyaux se refroidir pendant une semaine entière. Comme il faut quatre ou cinq jours pour charger, on peut en compter vingt *par fournée*.

L'argile nous coûte, rendue sur place, 3 fr. 75 c. le

mètre cube ; nous payons 9 fr. pour la confection des petits tuyaux, pour le roulage, pour le séchage, l'enfournement, le défournement et la mise en tas. Si on ajoute à cette somme la cuisson, l'amortissement et l'intérêt des dépenses de premier établissement de l'achat la machine, l'entretien et les frais généraux, nous trouverons un prix très-élevé.

En effet, toutes ces dépenses forment, au moins, une somme de 1,800 fr. Or, en admettant que l'on confectionne 600,000 tuyaux, ce sera 3 fr. à ajouter par mille.

Voici la composition du prix de coût, pour le petit modèle :

Terre	1^f 87
Confection, etc.	9 00
Cuisson . . , ...	6 00
Faux frais . . ·	3 00
Total	19 87

Si nous cuisions avec du charbon de terre, au prix de 0,95 cent., comme en Belgique, nous pourrions les livrer à 14 fr. 82 cent.

La proportion établie entre les tuyaux des autres dimensions, en prenant pour base le petit modèle, a été fixée comme il suit :

	Prix équivalents.	Prix par espèce.
Trois petits pour deux moyens .	$\dfrac{59\ 61}{2}$ =	29 803
Deux petits pour un gros moyen.	39 76 =	39 76
Trois petits pour un gros première grandeur	59 64 =	59 64

Nous faisons, comme on le voit, un léger bénéfice sur les trois dimensions que l'on emploie moins fréquemment , et nous perdons, par compensation, sur ceux qui sont le plus demandés.

Nous faisons fabriquer des tuyaux aujourd'hui , à Saint-Just-des-Marais , chez M. Colozier, fabricant de carreaux, pannes , etc., à Ons-en-Bray, chez M. Hutan-Joly, et à Savignies, chez MM. Laffineur-Hazard , tous les deux potiers.

Nous avons agi ainsi, en vue de mettre tous les cultivateurs à même de se procurer des tuyaux, sans leur occasionner de dérangement , sans les obliger à faire un voyage spécial , puisque, chaque samedi, ils peuvent remporter des tuyaux dans les voitures qui leur ont servi à apporter des denrées au marché. Nous employons la machine dite à 40 fr., avons-nous dit , mais elle a été modifiée de manière à ce qu'elle fatigue moins, en permettant, cependant, de confectionner un plus grand nombre de tuyaux. Telle qu'elle nous a été livrée , elle était devenue l'*effroi* de nos ouvriers qui faisaient , par jour, à peine 1,000 tuyaux de 0,035, souvent boursouf-flés , d'une forme laissant à désirer , à cause du peu de régularité , que présentait le mouvement du levier mu par une force qui varierait d'intensité à chaque instant.

Aujourd'hui, une corde attachée à l'extrémité du levier s'enroule , d'abord sur un galet extérieur, puis sur un treuil , mu par une simple manivelle que tourne très-aisément un jeune homme.

Le mouvement est régulier, uniforme ; les tuyaux sortent parfaitement cylindriques, exempts de trous et de fissures.

Nous donnons la figure de cette machine, à la fin de notre Manuel , en l'accompagnant des explications qui peuvent en faire apprécier le mécanisme.

CHAPITRE XXVI.

INONDATIONS. — EFFETS DU DRAINAGE SOUS CE RAPPORT.

Nous avions préparé une note, en vue de combattre l'opinion de quelques personnes qui croient pouvoir attribuer au drainage, les inondations qui ont occasionné tant de désastres, dans plusieurs de nos départements. Nous pensions qu'il nous suffirait, pour rassurer les cultivateurs, à cet égard, d'entrer dans quelques détails . sur les effets de l'évaporation, et d'appeler l'attention des propriétaires sur ce que nous avons écrit, il y a cinq ans déjà, et ce que nous répétons dans cette nouvelle édition de notre Manuel.

Mais, l'article publié par l'honorable **M.** Alloury, sur ce sujet, — *Débats* du 18 juin 1856, — nous a semblé si clair, si précis, si concluant ; il rend si bien notre pensée, que nous le citons dans son entier, heureux de trouver une nouvelle occasion de rendre hommage à un talent remarquable, à une conviction ardente, et d'exprimer notre vive gratitude, pour la bienveillante sympathie que nous a constamment montrée l'auteur de cet éloquent plaidoyer en faveur de la sainte cause du drainage, objet de tant de sarcasmes, que l'on disait mort, il y a deux ans à peine, qui triomphe aujourd'hui et auquel on pourrait appliquer ces vers de Racine,

> . . . . Sa mort fut un sommeil,
> On le vit plein de gloire, à son brillant réveil.

Voici l'article de M. Alloury :

« Depuis quelques jours nous entendons répéter par-
» tout que le drainage aura pour conséquence de multi-
» plier les inondations et de les rendre plus désas-
» treuses.

» Si cette assertion avait quelque fondement, elle se-
» rait le plus grand obstacle à la propagation de la
» nouvelle méthode, et elle aurait peut-être pour effet
» de compromettre le sort de la loi soumise actuellement
» à l'examen du Corps-Législatif. Il suffit qu'un doute
» ait été même légèrement articulé sur ce sujet, pour
» qu'il soit nécessaire de s'en préoccuper et de l'exa-
» miner à fond. Nous avons interrogé sur ce point les
» hommes spéciaux, ceux qui ont une autorité bien éta-
» blie en cette matière, M. Hervé-Mangon entre autres,
» et les explications qu'il nous ont données sont de na-
» ture à rassurer complétement les partisans du drai-
» nage.

» Peut-on citer un fait, un indice quelconque fourni
» par l'expérience à l'appui de l'opinion qui attribue au
» développement du drainage une influence nuisible sur
» la fréquence et le danger des grandes crues? Non, il
» n'en existe aucun, absolument aucun; cette opinion est
» une pure hypothèse, une assertion dénuée de toute
» preuve, de tout commencement de preuve, et qui n'est
» fondée sur aucune observation, aucune donnée pra-
» tique.

» A défaut de faits et d'observations directes, voyons
» ce qu'indiquent la raison, les analogies les mieux éta-
» blies et les expériences indirectes les plus concluantes.

» Quel est l'effet des pluies sur les terres fortes et

» argileuses non drainées? Tout le monde le sait : l'eau
» pénètre dans le sol et l'imbibe à une profondeur de 5,
» 6 ou 8 centimètres tout ou plus; puis quand cette
» mince couche de terre a été saturée, le liquide cesse
» de pénétrer dans le sol, et toute la pluie qui tombe
» s'étale en nappe à la surface, comme sur un pavé, et
» s'écoule, entraînant le fumier et les parties les plus
» fertiles de la couche arable.

» Une terre forte assainie et aérée par le drainage
» présente des phénomènes très-différents. Elle devient
» perméable, et forme une masse poreuse et absorbante
» depuis la surface jusqu'aux drains, sur une profon-
» deur de 1 mètre 20 centimètres. L'eau de pluie peut
» s'y introduire et s'y arrêter plus ou moins longtemps,
» suivant son volume, avant d'arriver aux drains. Pour
» que l'écoulement commence à la surface, il faut que la
» pluie ait duré assez longtemps pour saturer, non plus
» seulement comme dans les terres non drainées, une
» couche superficielle de 6 ou 8 centimètres, mais bien
» une masse terreuse de 120 centimètres.

» Qu'on nous permette une comparaison. Versez peu à
» peu de l'eau sur un morceau de sucre, cette eau sera
» d'abord absorbée, et elle ne commencera à couler au-
» dehors qu'après avoir été versée en quantité surabon-
» dante à celle qu'exige l'imbibition complète de la masse
» entière. Eh bien ! une terre drainée est presque aussi
» poreuse et aussi perméable qu'un morceau de sucre.
» Avant de laisser écouler l'eau qu'il reçoit, le morceau
» de sucre peut en absorber le quart de son volume ; de
» même la terre drainée dans des conditions moyennes
» peut retenir du dixième au quinzième de son volume

» d'eau, soit 100 litres environ par mètre carré de sur-
» face. Cette eau disparaît ensuite peu à peu, en partie
» par les drains, en partie par l'évaporation. Or 100 li-
» tres d'eau par mètre carré de surface forment à-peu-
» près le septième de la quantité de pluie qui tombe
» dans une année entière sur notre climat. Pendant le
» mois de mai dernier, si extraordinairement pluvieux,
» il n'est tombé que 120 litres d'eau environ par mètre
» carré.

» Par rapport aux eaux pluviales qu'elles reçoivent,
» les terres drainées ne sont donc que de vastes épon-
» ges : elles absorbent l'eau au moment où elle tombe,
» elles l'empêchent de couler torrentiellement à la sur-
» face du sol et de gagner de toutes parts à la fois le lit
» des grands cours d'eau.

» On a dit, il est vrai, que dans certains cas, les
» drains commencent à couler aussitôt après que la pluie
» vient à tomber ; mais si cela tient à ce que le sol étant
» saturé d'eau, l'eau qui s'écoule est poussée par celle
» qui tombe, quel mal le drainage a-t-il donc causé?
» Si même pendant les premiers moments, par suite
» de la difficulté que l'air éprouve toujours à se dégager
» du sol, les filets d'air poussés par la pluie qui tombe
» font en bas l'office d'un piston qui chasse l'eau déjà
» réunie dans le voisinage des drains, qu'importe,
» puisqu'il sort des drains moins d'eau que le sol n'en
» reçoit?

» Les digues, les barrages sont de coûteux et insuf-
» fisants moyens de défense contre les inondations, nous
» venons d'en faire la triste expérience. En cette ma-
» tière surtout, mieux vaut prévenir le mal que d'avoir

» à le guérir, mieux vaut empêcher les torrents de se
» former que de prétendre les diriger ou les arrêter. De
» tous les projets mis en avant pour diminuer les désas-
» treux effets des inondations , le plus conforme à la
» raison , sans aucun doute, consiste à forcer chaque
» montagne et chaque plaine à garder pendant quelque
» temps les eaux pluviales qu'elles reçoivent et à les ren -
» dre par un lent débit aux sources , aux rivières et aux
» fleuves.

» Les montagnes boisées résolvent le problème d'elles-
» mêmes ; si celles qui ne sont pas boisées étaient pour-
» vues de fossés horizontaux , si leurs vallées étaient
» fermées par des digues perméables , les eaux ainsi re-
» tenues n'iraient plus gonfler les fleuves qui ravagent,
» et leur écoulement graduel assurerait aux sources qui
» fertilisent un aliment régulier.

» Pour les terrains en culture, pour les plaines , le
» drainage irait plus droit au but. Chaque champ drainé
» forme un petit réservoir d'où l'eau s'écoule lentement,
» sans amener les redoutables crues qui désolent pério-
» diquement nos terres les plus fertiles.

» En Angleterre , toutes les enquêtes parlementaires
» nous le démontrent : l'opinion des hommes compétens
» est que le drainage , bien loin de favoriser les crues,
» doit au contraire, comme on vient de l'établir, tendre
» à régulariser l'aménagement des cours d'eau.

» Aux personnes qui ne seraient pas convaincues
» maintenant que le drainage ne peut exercer aucune
» influence nuisible sur les inondations, il n'y a plus
» qu'un mot à répondre : Qui empêche en temps
» d'inondation de fermer l'orifice des drains collecteurs

» de décharge par un bouchon de glaise que l'on retirera
» lorsque l'inondation aura cessé (1). En ce cas, les
» terres perdraient pendant quelques jours les bénéfices
» du drainage. Mais on serait bien forcé d'admettre
» alors que les terres drainées non-seulement n'aug-
» menteraient pas le volume des eaux dans les rivières,
» mais qu'elles le diminueraient de toute la quantité
» d'eau qu'elles retiennent.

» **A** ces observations, il nous semble qu'on peut en
» ajouter une autre qui n'a rien de scientifique, et qui
» est de nature à frapper tout le monde. C'est dans nos
» départements du nord que le drainage a pris l'exten-
» sion la plus considérable, et ce sont nos départements
» du centre et du midi qui ont presque exclusivement
» souffert des inondations. Le rapport que l'on prétend
» établir entre le drainage et les inondations est donc
» tout-à-fait imaginaire. »

Nous terminerons ce qui a trait à cette question, en citant un extrait du rapport si remarquable présenté par M. le marquis de Bryas, au Corps-Législatif, au nom de la commission nommée pour examiner le projet de loi relatif aux cent millions accordés au drainage, que l'on trouvera à la fin de cet ouvrage, avec celle du 15 juin 1854.

« Nous avons hâte, dit M. de Bryas, de prouver que
» le drainage ne saurait être une cause nouvelle d'inon-
» dation. Les sols drainables sont en général des ter-
» rains imperméables, qui ne peuvent recevoir l'eau que

(1) Nous pensons que l'emploi de notre clapet, voir page 104, peut dispenser de recourir à ce moyen et empêcher les eaux troubles de pénétrer dans les drains.

» dans la faible épaisseur du sol arable : il en résulte
» qu'avant le drainage cette couche est bientôt saturée ;
» passé ce degré, tout excédant de pluie qui tombe
» pendant un orage roule à la surface et va se rendre
» directement, et sans temps d'arrêt, au cours d'eau
» qui lui est assigné par la pente naturelle du terrain.
» Après le drainage, au contraire, la couche perméable
» acquiert en moyenne 80 centimètres d'épaisseur au lieu
» de 12 ou 15 ; les terres sont relativement plus sèches
» et plus poreuses. La saturation s'opère sur une masse
» de terre quatre ou cinq fois plus considérable ; toute
» la couche ameublie ne se dessèche de nouveau que
» graduellement ; l'eau disparaît d'abord de la surface
» au grand profit de la végétation, mais elle s'abaisse
» lentement et n'arrive aux tuyaux pour s'écouler que
» comme à travers un filtre et successivement.

» Le drainage, par conséquent, loin d'être une cause
» d'inondation, est un moyen de plus d'en prévenir le re-
» tour ; il en est en quelque sorte le modérateur et le ré-
» gulateur naturel. Le maximum du niveau des inondations
» les plus désastreuses persiste bien rarement pendant
» plus de vingt-quatre ou trente-six heures. Si vous ad-
» mettez avec nous, ce qui est incontestable, que la fil-
» tration à travers les terres drainées exige un pareil
» laps de temps pour rendre la totalité des eaux pluviales
» à leur cours naturel, vous aurez acquis la preuve que le
» drainage, appliqué à plusieurs des millions d'hectares
» qui dominent les vallées de nos fleuves les plus redou-
» tables, est un des plus puissants moyens de conjurer
» l'instantanéité qui cause le danger des inondations,
» puisqu'il retarde l'arrivée d'une portion des affluents.

» Dans les plus grandes crues, fussent-elles de 8 ou 10
» mètres, c'est le dernier mètre qui représente seul
» le torrent dévastateur, exceptionnel et irrésistible. Si
» le drainage peut retarder de quarante-huit heures
» l'arrivée d'une portion de ce terrible appoint, il con-
» tribuera à résoudre le problème devant lequel toute la
» science de nos ingénieurs a été impuissante jusqu'à ce
» jour. »

« Ce langage, ajoute l'honorable M. Alloury, —
» *Débats* du 29 juin 1856, — est de nature à dis-
» siper tous les doutes, et il ne laissera rien sub-
» sister du malentendu qui a failli compromettre le
» résultat des efforts que le gouvernement et la presse
» ont faits pour propager la nouvelle méthode. Tout ce
» que l'on peut, tout ce que l'on doit reconnaître avec la
» commission, c'est que le régime actuel des eaux ne
» suffit plus aux besoins nouveaux que va créer le déve-
» loppement du drainage sur une grande échelle. Il fau-
» dra redresser, curer et approfondir les cours d'eau
» destinés à recevoir les eaux provenant du drainage. »

Les considérations qui suivent et que nous empruntons
à une note que nous a communiquée notre ami M. Zoéga,
ce savant aussi modeste qu'obligeant, confirment tout ce
qu'on vient de lire :

Le résultat immédiat du drainage est, tout le monde le con-
çoit, de débarrasser certaines terres d'un excès nuisible d'humidité, et de les rendre par là aptes à se couvrir d'une végétation
vigoureuse et productive ; mais, l'examen attentif des change-
ments physiques que cette opération doit amener nécessairement
dans toutes les espèces de sols, nous conduit à lui attribuer des
effets salutaires d'un ordre tout différent et à la considérer comme
un moyen puissant, non-seulement de rendre fertiles des terres

restées jusqu'alors sans valeur, mais même de modifier profondément les conditions climatologiques de tout un pays.

Les canaux innombrables et de diamètres très-divers, que les eaux sont obligées de se creuser pour parvenir aux tranchées qui doivent leur livrer un libre écoulement, jouent, on ne peut en douter, un rôle des plus importants. On comprend d'abord que de nouvelles eaux qui viendront filtrer à travers les couches terrestres rendues par cela comme spongieuses, entraîneront l'eau qui s'y est introduite, et laisseront après elles des vides que combleront ensuite de nouvelles quantités de ce gaz. Un appareil très-simple, que les chimistes et les physiciens emploient fréquemment dans leurs travaux, peut servir à mettre en évidence cette aspiration d'air de l'extérieur à l'intérieur (1).

Lorsque les eaux pluviales rencontrent un sol trop compacte, il arrive, ou qu'elles s'en écoulent rapidement en ravinant sa surface si celle-ci est en pente, ou, dans le cas contraire, qu'elles y séjournent, mais pour reprendre tôt ou tard l'état de vapeur et restituer ainsi à l'atmosphère, en pure perte pour le cultivateur, tous les principes fertilisants, oxygène, azote, acide carbonique, etc., qu'elles lui avaient empruntés.

Dans un sol devenu perméable, au contraire, ces eaux filtrent lentement en cédant à la masse ces mêmes principes, lesquels sont, en partie, immédiatement absorbés et élaborés par les organes souterrains des végétaux, et, en partie, déterminent des réactions dont le résultat est souvent de changer en substances solubles, et, par suite, assimilables, quelques-uns des corps qu'ils rencontrent. Nous savons, en effet, que le carbonate et le phosphate de chaux, qui sont complétement insolubles dans l'eau pure, se dissolvent en quantité notable dans ce liquide, lorsqu'il est chargé d'acide carbonique, et que l'oxygène, en aérant profondément la constitution de l'humus, change ce corps en un nouveau composé qui jouit également de la propriété de se dissoudre. L'air venant ensuite prendre la place de l'eau qui

____

(1) Appareil Risler, voir page 110.

s'écoule, se charge, sans doute, de continuer ce travail chimique.

Nous sommes loin encore de pouvoir suivre pas à pas tous les phénomènes qui se produisent au sein de la terre végétale, mais nous osons espérer que des expériences nombreuses et délicates, que l'on exécute dans ce moment, nous permettront bientôt d'éclaircir une partie au moins de ces mystères.

En séjournant sur un sol compacte et argileux, les eaux en délayent les parties les plus fines, et en s'évaporant, laissent à sa surface une croûte dure et gercée, qui, au très-grave inconvénient de présenter un obstacle au développement des jeunes plantes, joint celui de s'opposer soit à l'imbibition, soit à l'évaporation des couches sous-jacentes.

Dans le sol que le drainage a rendu perméable, ces parties très-tenues pourront être entraînées dans les méats capillaires aux parois desquels elles resteront adhérentes. L'expérience prouve, en effet, que la terre agit dans ce cas comme le filtre le plus parfait; l'eau qui coule dans les tuyaux est d'une limpidité remarquable.

Dans ce même sol devenu perméable, la libre circulation de l'air doit déterminer un équilibre de température autre que celui que nous trouvons dans un sol laissé dans son état primitif. Des expériences, encore trop peu nombreuses à notre avis, on a cru pouvoir déduire pour nos pays les moyennes suivantes : 1° les variations thermométriques diurnes deviennent insensibles à des profondeurs comprises entre 1^m et 2^m, qui, comme on sait, sont ordinairement celles où on établit le fond des rigoles; 2° le maximum et le minimum des températures de l'année qui, à l'air libre, correspondent respectivement aux mois de juillet et de janvier, ne se montrent aux profondeurs indiquées qu'en septembre et mars ; 3° enfin, les différences de ces extrêmes qui à l'air peuvent atteindre 15 et 16°, ne dépassent point 7 à 8° dans ces couches profondes.

Ces données nous font prévoir des phénomènes d'une haute importance, car nous devons en déduire que pendant la rigueur de l'hiver, l'air du fond des tranchées étant plus chaud, et par suite, plus léger que celui qui est contenu dans les couches superficielles, devra s'élever vers celles-ci et venir mitiger leur température qui tend à devenir par trop basse. Pendant l'été, au contraire, l'air des cavités souterraines sera plus froid que l'air extérieur, et celui-ci, en prenant la haute température de la surface avec laquelle il est en contact, deviendra très-léger, et en s'élevant produira un véritable **tirage** dont l'effet sera encore de déterminer l'air intérieur à se porter vers les couches supérieures et à leur communiquer, dans ce cas, une fraîcheur salutaire.

L'eau dont le sol drainé s'est imprégné ne saurait parvenir en totalité jusqu'au fond des tranchées, elle reste en partie engagée dans les canaux les plus capillaires, qui peu-à-peu la ramènent jusqu'à leur orifice supérieur, d'où, comme on sait, elle ne peut point s'écouler, mais elle s'y arrête pour subir une évaporation plus ou moins lente. Ce sol conserve donc constamment la quantité d'humidité nécessaire à la production des réactions chimiques et au jeu des organes des plantes. Nous voyons par là qu'en somme l'opération du drainage doit diminuer l'évaporation à la surface du sol, et en même temps la rendre plus uniforme, d'où résulte aussi une moindre perte de chaleur et plus de régularité dans la température des couches superficielles. Ces résultats, prévus par la théorie, sont pleinement confirmés par l'expérience ; nous avons pu nous convaincre de l'état constant de moiteur des terres drainées, et des praticiens éminents nous ont assuré qu'à la surface de ces terres la glace ne se forme que difficilement et la neige disparaît avec rapidité.

Les considérations qui précèdent semblent s'appliquer principalement à un sol découvert ; mais il est facile de comprendre que des phénomènes analogues devront également se présenter lorsque sa surface sera enrichie de végétation, car nous savons que les parties aériennes des plantes sont des organes puissants de respiration et de transpiration, dont l'activité dépend en grande partie de l'abondance des sucs qui leur arrivent des racines ; or, nous venons de voir que dans les terres drainées, ceux-ci ne feront jamais défaut et jamais non plus ne seront surabondants.

Dans les plaines et les vallées, la température de l'air dépend en très-grande partie de celle du sol avec lequel il est en contact; donc, si par une cause quelconque, cette dernière est rendue plus régulière, la première subira une influence analogue ; et, pour nos régions du moins, dans une contrée où l'opération qui nous occupe aura été pratiquée sur une vaste échelle, les hivers deviendront moins rigoureux et les étés moins brûlants.

Pendant les temps calmes, la température du sol, l'humidité qu'il contient et la végétation qui le recouvre ont une grande influence sur l'état hygrométrique de l'espace ambiant, d'où il résulte que dans les pays dont le sol est drainé, cet état sera, terme moyen, plus bas et moins variable, et les extrêmes y deviendront bien plus rares.

Cette plus grande régularité, qui s'établit dans les conditions physiques d'une contrée, ne peut être que salutaire pour ses habitants et très-propice au développement de l'organisme des plantes. La vigueur prodigieuse que nous admirons dans la végétation des régions intertropicales, est, sans doute, la conséquence nécessaire de leur température très-élevée, mais on doit aussi l'attribuer en grande partie au peu de variabilité de celle-ci pendant tout le cours de l'année.

Qu'il nous soit permis à cette occasion de présenter une réflexion relativement à une théorie fort ingénieuse émise récemment par les agronomes les plus célèbres : le développement d'une plante serait, d'après ces illustres savants, une fonction, variant d'une espèce à l'autre, de la somme des températures à partir d'un certain moment de son évolution. Nous admettons ce principe pour la végétation des climats intertropicaux ; mais il nous semble que dans nos pays cette fonction doit dépendre d'un grand nombre de variables, et que la physiologie végétale nous est encore trop imparfaitement connue pour que nous puissions affirmer qu'un arrêt occasionné dans le développement d'une plante par un changement brusque de ces variables se trouve ensuite exactement compensé par un changement de même valeur et de sens contraire.

Il nous resterait à présenter quelques considérations sur les

10.

modifications que le drainage peut occasionner dans les sources
et les cours d'eau d'un pays; mais nous nous bornerons à faire
remarquer que de tout ce qui a été dit plus haut il résulte évidemment que cette opération doit y amener des perturbations
considérables qui méritent toute l'attention, non-seulement du
savant, mais même du législateur. Dans certaines contrées l'effet sera de rendre les eaux souterraines bien plus abondantes ;
dans d'autres, au contraire, de les diminuer. C'est à l'expérience
à nous indiquer la quantité d'eau qui parvient aux tuyaux dans
chaque sol et dans chaque climat, et partant de ces données il
deviendra possible d'entreprendre des calculs, et par suite des
travaux hydrauliques ayant pour but, soit de remédier à l'appau-
vrissement, soit d'utiliser les eaux devenues surabondantes.

De cet examen rapide et nécessairement incomplet nous
croyons pouvoir conclure que le drainage est non-seulement une
opération qu'il faut de toute nécessité pratiquer dans les terres
rendues malsaines et improductives par les eaux qui y séjournent, mais un procédé qui pourra être appliqué avec un immense avantage à la majeure partie des sols.

Nous reconnaissons, à la vérité, que pour asseoir sur des
bases solides une théorie complète et irréprochable de cette opération, qui nous promet tant et de si grands bienfaits, il nous
faut attendre encore que des recherches nombreuses faites par
des savants versés dans l'art d'observer, nous aient fourni des
données plus certaines et plus multipliées.

CHAPITRE XXVII.

CHAÎNE A DÉBOURRER LES TUYAUX.

Le peroxide de fer, ce grand ennemi du drainage,
nous a préoccupé de telle sorte que nous avons eu recours à toute espèce de moyens pour écarter l'idée même

d'engorgements qui auraient pour effet d'obliger à relever des tuyaux en grand nombre, sous peine de voir perdues les dépenses relativement considérables, quelquefois, occasionnées par une opération d'assainissement.

Les précautions que nous avons indiquées, au chapitre XIV, doivent nécessairement rendre, à l'avenir, les engorgements très-rares, si on a égard à nos recommandations ; mais, les travaux déjà effectués, peuvent cesser, à une époque plus ou moins éloignée, de produire des résultats. Il arrivera même, que dans certains terrains très-ferrugineux, on ne parviendra pas à découvrir toutes *les sources* qui donnent des eaux tenant du protoxide, en dissolution. Les tuyaux, dès-lors, pourront se trouver engorgés sur quelque point, — mal sans remède radical, jusqu'à ce moment, — mal qui a servi et devait encore très-probablement servir de prétexte, à bien des gens, pour masquer leur mauvais vouloir ou leur parcimonie inintelligente.

Heureusement, la Providence qui ne fait rien à demi, a permis qu'un simple contre-maître formé par nous, le sieur Landa (Jean-Baptiste) découvrît le moyen de nettoyer les tuyaux de drainage, à volonté, et aussi facilement que s'il s'agissait d'un goulot de bouteille ou de carafe.

L'appareil qu'a inventé le sieur Landa, consiste tout simplement en une chaîne de fer, planche 11, de même forme ou à-peu-près que le décamètre ordinaire. Seulement, les chaînons ont une longueur de 0^m 50^c. Cette dimension a été adoptée, afin qu'un même chaînon portant sur deux tuyaux à la fois, ne puisse jamais s'engager dans les interstices qui existent à leur jonction.

La chaîne dont il s'agit, et qui peut avoir de 25 à 50^m, est armée aux deux extrémités d'un tire-bouchon d'une dimension telle, qu'il puisse pénétrer, sans peine, dans le tuyau, dont il doit assurer le nettoyage, ou mieux, le dégorgement. Les tire-bouchons sont mobiles; on en change, quand on a besoin d'opérer dans des tuyaux d'un calibre notablement différent. Quand on veut procéder au dégorgement, on pratique une ouverture, sur la ligne des tuyaux que l'on désire nettoyer, à une distance du point jusqu'où l'on tient à faire parvenir la chaîne, égale à sa longueur. Cette ouverture permet d'introduire la sonde d'abord en amont, ensuite en aval, au fur et à mesure qu'on la retire de la partie où elle a d'abord été introduite.

Puis, quand on a pu s'assurer que le nettoyage est complet, on replace les quelques tuyaux que l'on a enlevés, et on remplit le trou pratiqué pour permettre d'effectuer cette opération. On fait, ensuite, une autre ouverture, à une distance deux fois égale à la longueur de l'appareil, du point où il a pu pénétrer, à la première opération. Il résulte de là que l'on peut nettoyer, chaque fois, par la même ouverture, une file de tuyaux d'une longueur double de celle de l'appareil.

Les avantages que présente le simple procédé du sieur Landa, ne se bornent pas exclusivement au nettoyage des tuyaux engorgés par le peroxide de fer. Il est désormais possible, aisé même de rendre toujours facile l'écoulement des eaux, dans les drains *qui auront été bien posés* et qui ne seront obstrués que par du peroxide ou par des matières terreuses.

Si la bonne exécution des travaux est toujours une

condition *sine qua non* de l'efficacité d'une opération de drainage, c'est principalement quand il s'agit de l'assainissement de terrains ferrugineux.

CHAPITRE XXVIII.

—

NOUVEAUX SYSTÈMES DE DRAINAGE.

—

MÉTHODE DITE HOLLANDAISE, PRÉCONISÉE PAR M. PERREUL.
MÉTHODE DE LORD KEYTHORPE.

Tous les systèmes de drainage sont bons en principe, puisqu'ils ont pour but et pour effet, généralement, d'assainir les terres ; mais, les résultats obtenus varient essentiellement suivant que telle ou telle méthode a été appliquée.

Ainsi, le système romain était excellent ; mais le nôtre qui n'en diffère qu'en ce que nous remplaçons les pierrailles et les fascines, par des tuyaux en terre cuite, est très-certainement préférable, parce qu'il coûte presque toujours moins cher et qu'il peut avoir une durée incomparablement plus longue.

Mais le système hollandais peut-il être d'une application fréquente ? Produirait-il d'ailleurs les mêmes effets que le drainage horizontal ?

J'ai répondu à ces deux questions dans le *Moniteur des Comices* du 3 août 1855.

Ma réponse porte en substance *que le drainage verti-*

*cal n'est applicable que dans les terrains superposés à
des couches perméables situées* à une faible distance de la
surface du sol; — ce qui est en France une exception,
quand, en Hollande, c'est à-peu-près la règle générale;—
que, même dans ces circonstances, le drainage ne permet pas l'aération de la terre d'une manière aussi favorable à la végétation, que le drainage vertical.

Avais-je raison? avais-je tort? M. Perreul que je n'ai
jamais eu l'intention d'offenser, a répondu affirmativement à la dernière question, dans une lettre publiée,
en 1855, par l'*Illustration*, page 187, n° 655.

Tous les faits qui se sont produits depuis la discussion
qui s'est élevée à ce sujet, m'ont confirmé dans mon
opinion. L'appareil Risler n'a permis à personne de conserver le moindre doute sur la préférence que l'on doit
accorder au système horizontal. Aussi, il me semble inutile d'entrer dans de nouvelles considérations pour justifier ma manière de voir à ce sujet.

Ceux de mes lecteurs qui voudraient connaître les détails dans lesquels je suis entré, pour amener une réponse qui pût lever bien des doutes, éclairer bien des
faits, les trouveront, je le répète, dans le *Moniteur des
Comices* du 3 août 1855.

Je pense que la Société Impériale et Centrale a la
même opinion que nous sur cette question; mais, ce qui
n'est ignoré de personne, c'est que M. de Gasparin, le
vénérable Nestor de l'agriculture française, a renié la
paternité du système hollandais, paternité qu'on lui
avait attribuée bien gratuitement. On croit volontiers ce
que l'on espère, et ce qu'espèrent encore bien des gens;
c'est que le système dont nous n'avons cessé de recom-

mander l'application, pourra être remplacé par un **autre**.

Que cela soit et nous remercierons Dieu, car le jour où cela arrivera, le drainage aura fait un pas de plus, si le système qui viendra à la mode, produit de meilleurs résultats que celui auquel aujourd'hui nous accordons la préférence, sans hésitation aucune.

Quant à la méthode dite de Lord Keythorpe, elle est très-certainement d'une application possible, dans les *terrains primitifs, à mince couche de diluvium;* elle doit être économique, pour un grand propriétaire qui s'occupe lui-même de la culture ou qui a des régisseurs intelligents qui surveillent personnellement l'exécution des améliorations qui se font dans les fermes qu'ils administrent; mais, dans les contrées où le diluvium atteint une épaisseur moyenne de 4ᵐ 50, ce système est inapplicable. Quand même il en serait autrement, s'il s'agissait d'une propriété dont le maître ne connaîtrait pas parfaitement le drainage, ou ne se trouverait pas lui-même sur les lieux, ou ne serait pas représenté par un *alter ego*, comment espérer que les **travaux** seraient jamais convenablement exécutés?

Ah! si, sans être ingénieur draineur, vous connaissez assez la théorie et la pratique du drainage pour pouvoir vous-même diriger une opération importante d'assainissement; si vous avez de bons ouvriers sous la main, si, d'ailleurs, votre terrain se trouve dans les conditions voulues, vous réussirez à l'assainir; mais obtiendrez-vous les résultats sur lesquels permet de compter un drainage effectué comme nous croyons devoir le recommander? Je ne saurais le penser, eu égard à cette grave question d'aérage qui fait le désespoir de bien des gens qui n'ont vu , dans le drainage, qu'un moyen d'enlever l'eau qui reste stagnante à la surface des terrains situés dans les vallées.

Je terminerai ce qui a trait à ce nouveau système, en empruntant à M. Jacquemard, de Quessy, quelques lignes du rapport si remarquable qu'il a publié dans le *Journal d'Agriculture pratique*, sous le titre modeste de *Compte rendu d'une opération de Drainage de 110 hectares* :

« Nous avons lu avec une grande attention et avec un
» vif intérêt , dans le *Journal d'Agriculture pratique* du
» 20 mars 1856 , l'article de M. de la Tréhonnais sur
» le drainage Keythorpe. Les beaux résultats obtenus
» dans cette localité font grand honneur à l'intelligence
» théorique et pratique des auteurs , mais ils ne nous
» font cependant pas regretter les dépenses que nous
» venons de faire.

» Nous ne pensons pas que , dans nos terrains , nous
» eussions pu appliquer le procédé Keythorpe.

» Nulle part, bien que les tranchées aient 1ᵐ 40 de
» profondeur, nous n'avons rencontré une trace des sil-
» lons décrits par M. de la Tréhonnais ; nulle part nous
» n'avons vu ces espèces de pénétrations de glaise et de
» terre perméable ; jamais, enfin, nous n'avons ren-
» contré une seconde fois un terrain que nous avions
» déjà traversé à un étage différent.

» On pourrait croire que ces caractères nous ont
» échappé, parce que nos drains, suivant la plus grande
» pente, auraient été creusés, comme le dit M. de la
» Tréhonnais, soit dans le sillon argileux, soit dans le
» sillon perméable ; mais nous n'avons jamais remar-

» qué de telles dissemblances dans la nature des terres
» de drains rapprochés, quoique nous ayons très-sou-
» vent rencontré les eaux souterraines. Bien plus, nous
» avons fait un grand nombre de drains de ceinture et
» de collecteurs, coupant transversalement les lignes de
» grande pente; ils auraient dû couper aussi transver-
» salement les sillons; et cependant, bien que les drains
» en travers aient souvent jusqu'à 500 et 600 mètres
» de long, et parfois jusqu'à 1,000 et 1,200 mètres,
» nous n'y avons jamais vu l'apparence des sillons.

» Nous le répétons encore, nous ne pensons nulle-
» ment à contester les beaux résultats obtenus dans les
» conditions particulières à Keythorpe. »

CHAPITRE XXIX.

MATURITÉ PRÉCOCE DES CÉRÉALES. — ERREUR DANS LAQUELLE ON EST TOMBÉ A CE SUJET.

Les quelques personnes qui ont écrit sur le drainage,
ont toutes admis, comme un fait constant, que les récoltes doivent mûrir plus tôt dans les terres assainies
que dans les terrains peu perméables, auxquels on n'a
pas encore appliqué le drainage. Nous avons peut-être
contribué nous-même, pour une large part, à accréditer
cette opinion que nous avons émise, après avoir constaté
de nombreux cas dans lesquels le résultat si remarquable dont il s'agit, s'est produit d'une manière assez
concluante, pour que les cultivateurs qui se montraient

peu disposés à croire à l'efficacité du drainage , ne pussent nier ce résultat.

Eh bien! des faits contraires, tout aussi notoires, ayant été constatés , par nous, nous venons humblement confesser que nous nous sommes trop pressé de déduire des conséquences absolues de nos premières observations, nous avouons même que nous sommes quelque peu confus de notre précipitation. — En réfléchissant plus mûrement , nous nous fussions bien gardé d'écrire les lignes que l'on peut lire dans nos ouvrages , à propos du fait dont il s'agit.

Après cet aveu qui prouve notre regret, à ce sujet, et notre vif désir de mériter la grande bienveillance que l'on nous a montrée, en mainte occasion, il nous reste à expliquer, comment, à notre point de vue, il peut arriver que dans les terres à sous-sol imperméables, les blés mûrissent plus tôt ou plus tard, une année que l'autre.

Si le mois de juillet et les premiers jours d'août sont très-pluvieux, les racines, vivant dans un milieu saturé d'eau, la tige restera verte quelques jours de plus que si elle se trouvait dans d'autres conditions. Le contraire arrivera très-certainement, si la saison est belle, si la terre est sèche, si les rayons solaires ont la force qu'ils doivent avoir, à cette époque de l'année. La plante, dans cette hypothèse, souffrira, dépérira, la tige jaunira et le grain, privé d'alimentation, ne pourra acquérir son développement normal. Il mûrira trop tôt, en un mot.

Admettons que cette même terre soit naturellement perméable, ou que ne l'étant pas, on y ait appliqué le drainage, la proposition sera renversée.

Dans les années très-sèches, en d'autres termes, le blé y mûrira plus tard que dans les terrains perméables, plus tôt, dans les années pluvieuses. Et cela parce que les terres drainées conservent presque toujours la même quantité d'eau. Les plantes que l'on y cultive ne *peuvent*, dès-lors, souffrir que très-exceptionnellement, des chaleurs estivales. Partout elles mûrissent régulièrement, ce qui n'arrive pas dans les terrains imperméables (1).

CHAPITRE XXX.

APPLICATION DU DRAINAGE AUX VOIES DE COMMUNICATION EN GÉNÉRAL ; SUPPRESSION DES FOSSÉS.

Si le drainage, appliqué aux terres en culture, aux prés, aux marais desséchés, aux maisons, à des villages entiers, même à des bois, doit procurer d'immenses avantages au pays, ce merveilleux système d'assainisse-

(1) Cette année, nous avons eu la preuve matérielle de ce fait :

Dans les terres humides ou à sous-sol compacte, il y a eu des blés atteints de la maladie *dite du pied*, et cela parce que les longues pluies du printemps n'ayant pu ni être absorbées par l'évaporation, à cause de l'état avancé de la partie herbacée du blé, ni s'infiltrer dans le sous-sol, sont restées stagnantes dans la couche végétale et ont occasionné la pourriture des racines. L'épi a blanchi de très-bonne heure ; mais, il est resté vide.

De là, nous concluons que dans le cas où les pluies abondantes et de longue durée ont lieu, au printemps, le blé peut être mûr plus tôt dans les terres humides ou à sous-sol compacte que dans les terrains perméables, mais que cette précocité est un malheur que l'on évitera en drainant.

ment offre encore une bien grande importance, au point de vue de la construction et de l'entretien des nombreuses voies de communication, qui sillonnent le pays, en desservant, en même temps, les intérêts de l'agriculture et ceux du commerce intérieur.

Chargé, en 1852, de représenter l'Association agricole de drainage de l'Oise, au congrès de Valenciennes, et de visiter les points de la Belgique, des départements du Nord, du Pas-de-Calais où des essais de drainage avaient été faits, où alors même on en faisait encore, où l'on fabriquait des tuyaux, enfin, je fus frappé à la vue des poteaux placés de distance en distance, sur la plupart des routes, pour l'établissement de barrières de dégel. Cette mesure extrêmement fâcheuse, sous tous les rapports, dénote vraiment trop peu de confiance de la part des hommes dans les ressources immenses que la Providence a mises à leur disposition, pour vaincre les difficultés qu'ils rencontrent dans l'accomplissement de la haute mission qu'ils sont appelés à remplir dans le monde.

Comment, me disais-je, l'homme affronte les dangers que présente la navigation des mers polaires, il s'élève à plus de 8,000 mètres dans les airs, il dirige la vapeur à son gré, il la soumet, cet agent si énergique, à sa volonté, à ses moindres caprices ; il jette audacieusement un pont-tube en tôle, sur un détroit de près de 2 kilomètres de longueur ; il communique sa pensée instantanément, à travers les mers, au moyen d'un simple fil de fer, et il serait fatalement réduit, dans un hiver, à alternatives fréquentes de gelée et de dégel, à voir la circulation interrompue sur un nombre considérable de ses voies de communication ? Je ne pouvais croire à son impuissance à aplanir une difficulté tenant à une seule cause.

Après avoir sérieusement réfléchi, je pensai avoir trouvé un moyen simple, peu coûteux, de triompher de l'obstacle que l'on semblait considérer comme insurmontable. J'eus, toutefois, de la peine à me décider à parler de ma découverte, tant la chose me paraissait simple, et tant, par cela même, je devais concevoir de défiance sur l'efficacité du moyen que je désirais indiquer.

Heureusement, je pouvais compter sur la bienveillance de deux hommes honorables qui avaient, tout d'abord, à examiner la question. L'un était M. Randouin, préfet de l'Oise ; l'autre, M. Le Père, ingénieur en chef de ce département.

Ma proposition leur parut assez sérieuse pour être adressée à LL. Ex. MM. les Ministres de l'intérieur et des travaux publics.

Voici un extrait d'une note que M. Lefèvre, de Noyon, mon collaborateur et ami, m'a adressée à ce sujet :

J'ai dit que l'effet du dégel sur le fond des encaissements, est dû principalement à l'eau souterraine dont les terres grasses sont constamment imbibées. Si cela est vrai, le drainage doit être un puissant préservatif. C'est ce qui a lieu effectivement ; en voici la preuve.

Sur le chemin de moyenne communication n° 26, aujourd'hui en construction, il existait, entre les villages de Berlancourt et de Villeselve, un passage fameux, appelé le Trou-Madame, fort connu à plusieurs lieues à la ronde, comme étant le plus mauvais endroit qui se pût voir. Pour en donner une idée, il suffit de dire que quand un étranger s'y engageait sur un cheval (du mois d'octobre au mois de juin) il arrivait souvent que la pauvre bête s'enfonçait jusqu'au poitrail, et qu'on ne pouvait la tirer de là qu'avec des cordes. M. Sebert m'ayant permis, en 1854, de faire sur ce chemin, les travaux qui me paraîtraient convenables, j'ai profité de la latitude qui m'était accordée pour exécuter sur la partie la plus mauvaise, celle qui a valu plus particulièrement au passage, son ancienne renommée, un drainage complet avec tuyaux en terre cuite. Eh bien ! voici ce qui est **arrivé**, à la suite de la plus forte gelée de l'hiver dernier : sur la **partie** drainée, l'empierrement s'est maintenu en bon état, sans dépression aucune ; sur la partie non drainée, où le terrain est cependant bien moins compact, il y a eu des dégradations tellement considérables que je n'en avais pas vu de semblables jusque-là, dans la circonscription de Noyon.

Un drainage que j'ai fait exécuter sur un chemin vicinal ordinaire, mais sur une longueur de 30 mètres seulement, a produit absolument le même effet.

De semblables résultats ont été obtenus par MM. les agents-voyers Patin, Laffineur et Brière (Ernest), à Rainvillers, à Berneuil, près Beauvais, et à Hodenc-en-Bray, commune du canton du Coudray-Saint-Germer.

Si, à Berlancourt, dans les sables glauconieux et dans les argiles des lignites ; si, à Rainvillers, dans les argiles rouges néocomiennes ; si, à Berneuil, dans la glauconie crayeuse ; si, à Hodenc-en-Bray, dans les sables et dans les grès ferrugineux, des chemins n'ont pu être maintenus dans un état de viabilité satisfaisant, qu'au moyen du drainage, il me paraît constant que, dans tous les terrains, le même effet se produira tout aussi vite et sera aussi heureux, parce que les argiles des lignites, les argiles néocomiennes et les terrains de la glauconie inférieure, sont, comme on le sait, très-difficiles à assainir.

Nous drainerons donc, sans exception, à l'avenir, toute partie de chemin qui offrira des traces d'humidité, dont la forme d'empierrement se trouvera creusée dans un sol gras, froid, compacte, et nous ne ferons de fossés nulle part (1).

On enlève à l'agriculture pour la construction des fossés des routes, 0 hect. 80 ares de terrain par lieue ou 2 hectares par myriamètre. Dans notre département *seul*, cela fait : pour 200 myriamètres, dont moitié en déblai, 200 hectares à 2,000 fr., en moyenne au moins, soit 200,000 fr.

Si ce chiffre est élevé, il est peu contestable. J'ai porté l'ouverture des fossés à 1 mètre seulement, et, en général, ils ont 1 mètre 50.

En présence de ces données, ne doit-on pas chercher les moyens d'atteindre le même résultat, sans recourir à des mesures aussi dommageables pour l'agriculture, aussi coûteuses pour le gouvernement, aussi nuisibles, en un mot, à l'intérêt du pays? Poser la question, c'est la résoudre affirmativement. Au point de vue des dépenses ou mieux des déboursés, il résulte de tout ce que nous avons fait jusqu'à présent, qu'elle offre une importance assez grande, et que, *seule*, elle déterminera les administrateurs intelligents à adopter le système que nous recommandons.

Des calculs sérieux auxquels nous nous sommes livré, il résulte que l'application du drainage aux voies de communication, donnerait le moyen d'économiser 100 millions et de rendre à l'agriculture 1,000 hectares de terrains.

(1) En 1856, nous avons affecté près de 3,000 fr. à des opérations de drainage effectuées sur nos chemins. Nous continuerons, chaque année en nous occupant, d'abord, des parties de ces voies de communication qu'il est plus difficile de maintenir en bon état.

CHAPITRE XXXI.

CHARRUE DRAINEUSE FOWLER.

C'est vraiment merveille que de voir fonctionner la belle *draineuse Fowler*. On ne saurait trop applaudir à la hardiesse si éminemment intelligente de l'inventeur, au grandiose de la conception.

Deux choses entre autres, toutefois, nous préoccupent dans l'application de ce nouveau système.

Nous allons entrer dans quelques détails, à ce sujet.

D'abord, les tuyaux ne nous semblent pas placés, de manière à offrir de garanties contre l'engorgement.

Quel que soit le soin que l'on apporte, aujourd'hui, dans le placement des tuyaux, dans le recouvrement des interstices, soit avec des tuileaux, soit avec des demi-manchons, il s'y produit encore quelquefois des engorgements.

Si le sol est boueux ou sablonneux, il faut ou nettoyer avec soin les tranchées, ou employer de la paille de seigle, ou recourir au système de tuyaux en bois de M. Damainville. Eh bien! tout en admirant la *draineuse Fowler*, on ne saurait lui accorder l'intelligence nécessaire pour parer elle-même, dans l'exécution, à ces graves inconvénients.

Si le sous-sol renferme des silex de la craie, en abondance, — ce qui n'est pas rare principalement dans le *diluvium* de l'étage crétacé, — s'il contient des grès supérieurs ou de l'étage marno-charbonneux, ou de la meulière, du calcaire, lacustre moyen ou supérieur, l'appareil ne fonctionnera probablement pas. S'il fonctionne, des tuyaux se casseront, et alors... on n'atteindra pas le but que l'on se propose.

D'un autre côté, la pesanteur de la draineuse ne permettra pas de l'employer, pendant la mauvaise saison, dans les terrains d'une nature molle ou seulement *glaiseuse*, — composés d'argile plastique ou smectique. —

En effet, dans une foule de cas, la consistance du sol est telle qu'il peut à peine porter les ouvriers draineurs. C'est assez dire ce qui arriverait, si l'on tentait d'y appliquer le système Fowler.

Nous passons, sous silence, la question du prix, les difficultés auxquelles donnerait lieu le transport de la machine, le grand nombre d'hommes, enfin, nécessaires pour la faire fonctionner.

Nous serions heureux, pour l'avenir du drainage, que l'on pût répondre victorieusement à ces quelques observations, en nous prouvant que nos craintes ne sont pas fondées.

Pour prouver notre désir d'être éclairé, à cet égard, nous avons cru devoir soumettre nos appréciations aux représentants de l'intelligent inventeur de la *draineuse*.

CHAPITRE XXXII.

EFFETS DU DRAINAGE ACCUSÉS PAR LES PROPRIÉTAIRES EUX-MÊMES.

Je recevais le 19 décembre 1855, de M. le Préfet de l'Oise, les instructions qu'on va lire :

« Beauvais, le 19 décembre 1855.
» MONSIEUR,
» M. le Ministre de l'agriculture, du commerce et des
» travaux publics, réclame des renseignements précis
» sur les résultats obtenus jusqu'ici par le drainage.

» Son Excellence désire connaître :

» 1° Le prix de revient, par hectare, des travaux » opérés dans le département ;

» 2° Le nom du propriétaire des terrains asséchés ;

» 4° Le coût des tuyaux ;

» 5° L'évaluation en chiffres, par hectare, des résul- » tats économiques obtenus dans les terrains drainés, » comparée avec celle des terres non encore asséchées, » c'est-à-dire l'accroissement, en chiffres, de la ré- » colte due au drainage, par exemple, froment et colza » en hectolitres, fourrage en quintal métrique, etc., etc.;

» 6° L'accroissement de la valeur pour le capital.

» Il devra être pris, à titre d'exemple, plusieurs do- » maines placés dans des conditions différentes, afin » que les chiffres produits puissent permettre d'établir » une moyenne aussi exacte que possible. »

Pour répondre de manière à ne pas faire supposer que ma confiance dans le drainage, n'était pas justifiée par les résultats, pour ne pas encourir le reproche de me montrer trop indulgent pour mon œuvre, je pris le parti de procéder à une enquête sérieuse, décidé à me borner à répéter dans mon rapport, ce que m'auraient déclaré les propriétaires.

Voici en quels termes, j'écrivis à toutes les personnes pour lesquelles nous avions drainé ou qui avaient drainé elles-mêmes, d'après nos indications.

M...... voudrait-il avoir l'obligeance de répondre aux questions suivantes :

1° Quel effet a produit en général le drainage exécuté dans vos propriétés?

2° Quelle a été la différence dans la culture, dans les produits, dans la valeur vénale?

Voudriez-vous citer les cas particuliers où l'effet a été le plus frappant?

Voici les réponses qui m'ont été faites :

« **Château de Mouchy, 26 décembre 1855.**

» 1° L'effet du drainage dans les propriétés de
» Mme la duchesse de Mouchy, a produit le résultat le
» plus satisfaisant, et ne laisse à désirer sous aucun
» rapport;

» 2° La différence dans la culture est *énorme*, la va-
» leur du sol est plus que doublée.

» Les pièces où l'effet a été le plus frappant, sont les
» *Glaises*, Lenillère et l'Étang. »

» Agréez, etc.   SIMON. »

« **Saint-Pierre-ès-Champs. 27 décembre.**

» Mon drainage a donné une augmentation de 33
» pour 0/0 à mon herbage où je puis aujourd'hui faire
» pâturer mes vaches, en tout temps.

» Agréez, etc.   LEBRUN fils. »

« **Gournay-en-Bray, 27 décembre 1855.**

» L'augmentation de récolte obtenue, cette année,
» chez M. Samson-Davilliers, à Hérouval, a suffi pour
» payer les frais occasionnés par le drainage.

» Agréez, etc.   MARC. »

» **La Chapelle-aux-Pots, 27 décembre 1855.**

» L'assainissement de la prairie a fait périr les joncs
» et les lesches et produit un tiers de plus de foin de
» meilleure qualité que par le passé.

» Dans mon Pré-Coupin, j'ai obtenu les même résul-
» tats.

» Au bois de Soavre, à la Vallée-aux-Loups, l'aug-
» mentation des produits peut-être portée à 25 pour ₀/°.

» Agréez, etc.   HERBÉ,
                    » *Maire.* »

« **Bresles, 27 décembre 1855.**

» 1° Nous sommes très-satisfaits du drainage;

» 2° La différence dans les labours, dans les pro-
» duits, est *énorme.*

» Agréez, etc.   HETTE,
                    » *Directeur.* »

« Beauvais, 27 décembre 1855.

» 1° Effet excellent partout ;

» 2° Produit double, valeur vénale doublée.

» Agréez, etc. GIBERT,
» *Receveur général de l'Oise.*

« Flambermont, 27 décembre 1855.

» 1° Effet très satisfaisant ; ⎫ Terrain
» 2° Produit plus que doublé. ⎬ de M. Adam.
» Agréez, etc. ⎭ LEBRUN.

« Bornel, 28 décembre 1855.

» 1° Le drainage a produit un bon effet :

» 2° Il y a lieu d'espérer que les produits seront
» doublés. — De même, la valeur vénale.

» Agréez, etc. DURAND,
» *Maire.* »

« Ons-en-Bray, 29 décembre 1855.

» Mon drainage n'est pas fait aussi complètement que
» vous le recommandez ; cependant, j'ai obtenu une
» augmentation de produit de 25 pour 0/0 au moins.

» L'augmentation dans la valeur vénale est dans le
» même rapport.

» Agréez, etc. DÉLIÉ,
» *Maire d'Ons-en-Bray.* »

« Warluis, 31 décembre 1855.

» 1° Le drainage a produit un très-bon effet sur ma
» pièce de terre de Sinancourt ; c'est un fait incontes-
» table. La terre qui par suite de l'imperméabilité du
» sous-sol, conservait une telle humidité après les
» pluies, que les chevaux ne pouvaient y entrer, est de-
» venue saine et facile à cultiver.

» 2° Aussitôt après les travaux de drainage, mon fer-
» mier y a semé de l'orge et de la luzerne, et cette der-
» nière plante qui n'avait pu être cultivée avec succès,
» dans un terrain de même nature, a réussi là parfai-
» tement.

» Agréez, LE MARESCHAL,
» *Maire de Warluis.*

— 193 —

« **Villers-sur-Auchy, le 3 janvier 1856.**

» **Le drainage a détruit la mousse et le jonc de mes**
» **prairies, et a changé complètement la nature du sol.**
» **La récolte est à-peu-près la même qu'autrefois ;**
» **mais, les bottes qui valaient avant le drainage**
» **0 f. 10 c. au plus, se vendraient aisément 0,30 c.**
» Je me félicite d'avoir si bien réussi.
» Agréez, etc.   PICARD,
                    » *Maire de Villers-sur-Auchy.*

« Vaux-Berneuil, 4 janvier 1856.

» La valeur de mon terrain a doublé.
» Agréez, etc.   MORDA. »

« Savignies, 4 janvier 1856.

» J'ai obtenu d'excellents résultats ; la valeur de mon
» terrain a augmenté de 33 pour 0/0.
» Agréez, etc.   BIGOT. »

Trente autres déclarations de même nature nous ont
été faites ; mais, de vive voix ou indirectement. Aussi,
ne les rapportons-nous pas comme authentiques, quoique nous ayons acquis les preuves qu'elles étaient sin-
cères. Nous terminerons par celle de M. Alexandre Aumont,
notre célèbre éleveur de Chantilly, qui nous a fait d'autant plus plaisir, que l'on nous a peu ménagé de ce côté.

« Chantilly, 19 avril 1856.

« Je suis très-content de mon drainage.
» Je vous adresse, etc.
» Agréez, etc.   A. AUMONT. »

Cette année, M. Adam, de Flambermont, est certain
d'obtenir, dans une pièce qu'il a achetée fort bon marché,
une récolte de seigle suffisante pour couvrir la moitié du
prix d'achat et les dépenses de drainage.

Nous avons drainé une pièce, l'année dernière, pour
notre compte personnel et nous en avons triplé le produit.

Voilà des faits notoires.

Nous avons cité les noms et les lieux, afin que nul ne puisse conserver de doute sur ce que nous affirmons.

En définitive, l'enquête a prouvé que le département de l'Oise a drainé, depuis 1851, 1,200 hectares, et que tout le monde s'accorde à dire que l'augmentation de valeur donnée, en moyenne, aux terres drainées, est de 50 pour 0/0, mais que dans certains cas, elle s'élève à plus de 200 pour 0/0.

LOI

SUR LE LIBRE ÉCOULEMENT DES EAUX

PROVENANT DU DRAINAGE,

Votée par le Corps-Législatif, le 12 mai 1854.

ART. 1er.

Tout propriétaire qui veut assainir son fonds par le drainage ou par un autre moyen d'assèchement, peut, moyennant une juste et préalable indemnité, en conduire les eaux souterraines ou à ciel ouvert, à travers les propriétés qui séparent ce fonds d'un autre cours d'eau ou de toute autre voie d'écoulement.

Sont exceptés de cette servitude, les maisons, cours, jardins, parcs et enclos attenant aux habitations.

ART. 2.

Les propriétaires de fonds voisins ou traversés ont la faculté de se servir des travaux faits en vertu de l'article précédent, pour l'écoulement des eaux de leurs fonds.

Ils supportent dans ce cas : 1° une part proportionnelle dans la valeur des travaux dont ils profitent ; 2° les dépenses résultant des modifications que l'exercice de cette faculté peut rendre nécessaires ; et 3°, pour l'avenir, une part contributive dans l'entretien des travaux communs.

Art. 3.

Le associations de propriétaires qui veulent, au moyen de travaux d'ensemble, assainir leurs héritages par le drainage ou tout autre mode d'assèchement, jouissent des droits et supportent les obligations qui résultent des articles précédents. Ces associations peuvent, sur leur demande, être constituées, par arrêtés préfectoraux, en syndicats auxquels sont applicables les articles 3 et 4 de la loi du 14 floréal an XI.

Art. 4.

Les travaux que voudraient exécuter les associations syndicales, les communes ou les départements, pour faciliter le drainage ou tout autre mode d'assèchement, peuvent être déclarés d'utilité publique par décret rendu en conseil d'Etat.

Le règlement des indemnités dues pour expropriations est fait conformément aux paragraphes 2 et suivants de l'article 16 de la loi du 21 mai 1836.

Art. 5.

Les contestations auxquelles peuvent donner lieu l'établissement et l'exercice de la servitude, la fixation du parcours des eaux, l'exécution des travaux de drainage ou d'assèchement, les indemnités et les frais d'entretien sont portés en premier ressort devant le juge de paix du canton, qui, en prononçant, doit concilier les intérêts de l'opération avec le respect dû à la propriété.

S'il y a lieu à expertise, il pourra n'être nommé qu'un seul expert.

Art. 6.

La destruction totale ou partielle des conduits d'eau ou fossés évacuateurs est punie des peines portées à l'article 456 du Code pénal.

Tout obstacle apporté volontairement au libre écoulement des eaux est puni des peines portées par l'article 457 du même Code.

L'article 463 du Code pénal peut être appliqué.

Art. 7.

Il n'est aucunement dérogé aux lois qui réglent la police des eaux.

LOI SUR LE DRAINAGE.

TITRE Ier.

ENCOURAGEMENTS DONNÉS PAR L'ÉTAT.

Art. 1er.

Une somme de cent millions est affectée à des prêts destinés à faciliter les opérations de drainage.

Un article de la loi de finances fixe, chaque année, le crédit dont le ministre de l'agriculture, du commerce et des travaux publics peut disposer pour cet emploi.

Art. 2.

Les prêts effectués en vertu de la présente loi sont remboursables en vingt-cinq ans, par annuités comprenant l'amortissement du capital et l'intérêt calculé à 4 pour 100.

L'emprunteur a toujours le droit de se libérer, par anticipation, soit en totalité, soit en partie.

Le recouvrement des annuités a lieu de la même manière que celui des contributions directes.

TITRE II.

DU PRIVILÉGE SUR LES TERRAINS DRAINÉS ET SUR LEURS RÉCOLTES OU REVENUS.

Art. 3.

Il est accordé au Trésor public, pour le recouvrement de *l'annuité échue et de l'annuité courante sur les récoltes ou revenus des terrains drainés*, le privilége qui prend rang immédiatement après celui des contributions publiques. Néanmoins, les sommes dues pour les semences ou pour les frais de la récolte sont payées sur le prix de la récolte avant la créance du Trésor public.

Le Trésor public a également, pour le recouvrement de ses prêts, un privilége qui prend rang avant tout autre sur les terrains drainés.

Art. 4.

Le privilége sur les terrains drainés, *tel qu'il est établi dans l'article précédent*, est accordé : 1° aux syndicats, pour le recouvrement de la taxe d'entretien et des prêts ou avances faits par eux ; 2° aux prêteurs, pour le remboursement des prêts faits à des syndicats ; 3° aux entrepreneurs, pour le paiement du montant des travaux de drainage par eux exécutés ; *4° à ceux qui ont prêté des deniers pour payer ou rembourser les entrepreneurs, en se conformant aux dispositions du ⅔ 5 de l'article 2103 du Code Napoléon.*

Les syndicats ont, en outre, pour la taxe d'entretien de l'année échue et de l'année courante, le privilége sur les récoltes ou revenus, tel qu'il est établi par l'article 3. Le privilége n'affecte chacun des immeubles compris dans le périmétre d'un syndicat que pour la part de cet immeuble dans la dette commune.

Art. 5.

Toute personne ayant une créance privilégiée ou hypothécaire antérieure au privilége acquis en vertu de la présente loi, a le droit, à l'époque de l'aliénation de l'immeuble, de faire réduire ce privilége à la plus-value existant à cette époque et résultant des travaux de drainage.

TITRE III.

DU MODE DE CONSERVATION DU PRIVILÉGE.

Art. 6.

Le Trésor public, les syndicats, les prêteurs et les entrepreneurs n'acquièrent le privilége que sous la condition d'avoir préalablement fait dresser un procès-verbal, à l'effet de constater l'état de chacun des terrains à drainer relativement aux travaux de drainage projetés, d'en déterminer le périmètre et d'en estimer la valeur actuelle d'après les produits.

Lorsqu'il s'agit d'un prêt demandé au Trésor public, le procès-verbal est dressé par un ingénieur ou un homme de l'art commis par le préfet, assisté d'un expert désigné par le juge de paix ; s'il y a désaccord entre l'ingénieur et l'expert, celui-ci fait consigner ses observations dans le procès-verbal. Dans les autres cas, le procès-verbal est dressé *par un expert désigné par le juge de paix du canton où sont situés les biens.*

Les entrepreneurs qui ont exécuté des travaux pour des propriétaires non constitués en syndicat doivent, de plus, faire vérifier la valeur de leurs travaux dans les deux mois de leur exécution, par *un expert désigné* par le juge de paix, qui peut se faire assister d'un expert. Le montant du privilége ne peut pas excéder la valeur constatée par ce second procès-verbal.

Art. 7.

Le privilége accordé par la présente loi sur les terrains drainés se conserve par une inscription prise ; pour le Trésor public et pour les prêteurs, dans les deux mois de l'acte de prêt ; pour les syndicats, dans les deux mois de l'arrêté qui les constitue ; pour les entrepreneurs, dans les deux mois du procès-verbal prescrit par le premier paragraphe de l'article 6.

L'inscription contient, dans tous les cas, un extrait sommaire de ce procès-verbal

Lorsqu'il y a lieu à vérification des travaux, en exécution du quatrième paragraphe de l'article 6, il est fait mention, en marge de l'inscription, du procès-verbal de cette vérification, dans les deux mois de sa date.

Art. 8.

L'acte de prêt consenti au profit d'un syndicat répartit provisoirement la dette entre les immeubles compris dans le périmètre du syndicat, proportionnellement à la part que chacun de ces immeubles doit supporter dans la dépense, et l'inscription est prise d'après cette répartition provisoire.

Pour les avances d'un syndicat, l'inscription est également prise d'après une répartition provisoire faite comme il est dit au paragraphe précédent, par les soins du syndicat.

Si la répartition provisoire est rectifiée ultérieurement par l'effet des recours ouverts aux propriétaires en vertu de l'article 4 de la loi du 14 floréal an XI, il est fait mention de cette rectification en marge des inscriptions, à la diligence du syndicat, dans les deux mois de la date où la répartition nouvelle est devenue définitive; le privilége s'exerce conformément à cette dernière répartition.

TITRE IV.

DISPOSITIONS GÉNÉRALES.

ART. 9.

Si une opération de drainage aggrave les dépenses d'un cours d'eau réglées par la loi du 14 floréal an XI, les terrains drainés sont compris dans les propriétés intéressées, et imposés conformément à cette loi.

ART. 10.

Un réglement d'administration publique détermine les conditions et les formes des prêts faits par le Trésor public, les mesures propres à assurer l'emploi des fonds provenant de ces prêts à l'exécution des travaux de drainage effectués avec les prêts faits par le Trésor public, et, en général, toutes les mesures nécessaires à l'exécution de la présente loi.

NOMS DES PERSONNES

dont il est fait mention à la page xi *de l'Introduction.*

MM. Baldy, principal du collége de Soissons ; Benezy, maire ; De Berny, membre du conseil général ; Bertin, receveur des finances ; Boullet, maire ; Boitel, adjoint ; Bourrée, maire ; Bonhomme ; Caillet, secrétaire de la sous-préfecture de Clermont ; Caron (Edouard) ; De Chézelles (le vicomte de) ; Chrétien (Arsène) ; Collard ; Colozier, fabricant de carreaux ; Constantin, professeur d'histoire au lycée d'Alençon ; Cressonnier ; Cressonnier, maire ; Crosnier, maire ; Devillers, médecin ; Delacour, fabricant de tuyaux ; Delamarre, père ; Doligé ; Descampaux, receveur des finances ; Delettre, maire ; D'Argent ; Dompierre d'Hornoy ; Dumoulin, maire ; Dru ; Foubert ; Gaudet ; comte de Grasse ; Gravet, maire ; Huet, maire ; Jacquemard, de Quessy ; Jacquemin, rédacteur en chef de la *Vie des Champs*; Jourdier, rédacteur en chef du *Moniteur des Comices*; Julien, maire ; De Kergorlay, député au Corps-Législatif ; La Bastide, inspecteur d'Académie à Bar-le-Duc ; Leblond, médecin ; Lefèvre, maire ; Legendre ; Leroy, maire ; Longé-Petit, maire ; Ménestrier, membre du conseil général ; Naquet ; Nérée-Boubée, géologue, rédacteur de la *Réforme agricole*; Parmentier, maire ; Philippe ; Picard, maire ; Pohier, maire ; Porquier, maire ; Roblin ; Rottée, docteur-médecin ; De Saint-Aubin, conseiller d'arrondissement ; Siou, maire ; Suleau, receveur des finances ; Surrault, inspecteur d'Académie à Mézières ; Sauvion, receveur des finances ; Tétard aîné, manufacturier ; Varé, maire ; Villain ; Varnier ; Waré, maire ; Ybert, maire.

NOMS DES AGENTS-VOYERS

QUI ONT RÉPONDU A L'APPEL DE L'AUTEUR.

MM. Mialaret, des Ardennes; Lasnier, de l'Aube; Malric, de l'Aude; Le Moussu, des Côtes-du-Nord; Odienne, de l'Eure; Bonnet, des Bouches-du-Rhône; Giraudeau et Prévost, des Deux-Sèvres; Prévost; Chappon, de la Haute-Saône; Imbert, de la Haute-Vienne; Laurent et Brun, de l'Isère; Hernoux; Carré, de l'Yonne; Laffitte, du Lot-et-Garonne; Garnier, de la Mayenne; Valette, de la Nièvre; Thurin, du Nord; Cavrois, du Pas-de-Calais; Dulier, du Puy-de-Dôme; Ragot, du Rhône; Malherbes, de Saône-et-Loire; Panescorse, du Var; Granger, de la Vienne; Danis, des Vosges; Lefèvre, de Noyon; Clozier, de Creil; Ducastel, de Senlis, et la plupart de ses camarades de l'arrondissement de Beauvais.

N'ont pas accordé le concours qu'ils avaient promis :

MM. Langlet, agent-voyer à Clermont; Gaudefroy, agent-voyer à Ribécourt.

Doivent être rayés de la liste de l'édition de 1854 :

MM. Cavrel-Bourgeois à Beauvais; Guérard, propriétaire à Saint-Lô; Durand-Porquier; Lenoël, principal du collége de Beauvais; Marlé; Vuatrin fils.

Pour des raisons que l'on appréciera, l'auteur ne reproduit pas, comme il l'avait annoncé, le fac-simile de la lettre de M. Vianne.

TABLE DES MATIÈRES.

Pages.

Nota. — La machine dite à 40 fr., perfectionnée par l'auteur, et dont il est fait mention, page 161, fonctionne déjà depuis quelques jours; mais il craint que le temps lui manque pour la faire graver avant le tirage du Manuel.

Beauvais. — Imprimerie de Constant Moisand.

profondeur

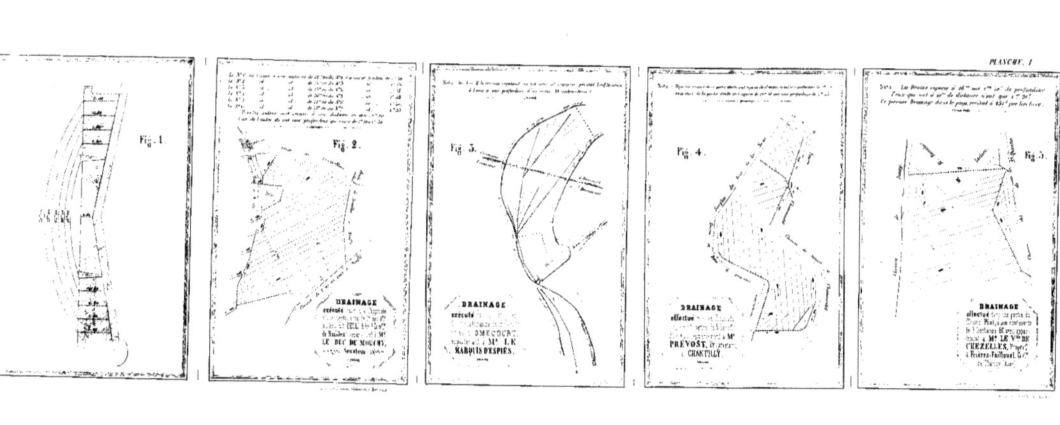

Fig. 1.
Fig. 2.
Fig. 3.
Fig. 4.
Fig. 5.
DRAINAGE
exécuté
LE DUC DE MOUCHY,
DRAINAGE
exécuté
DOMECOURT,
M. LE MARQUIS D'ESPIÈS,
DRAINAGE
effectué
PRÉVOST,
à CHANTILLY.
DRAINAGE
effectué
M. LE V.te DE CHEZELLES,
à Frières-Faillouel,

ns le sen
rains
ers du m

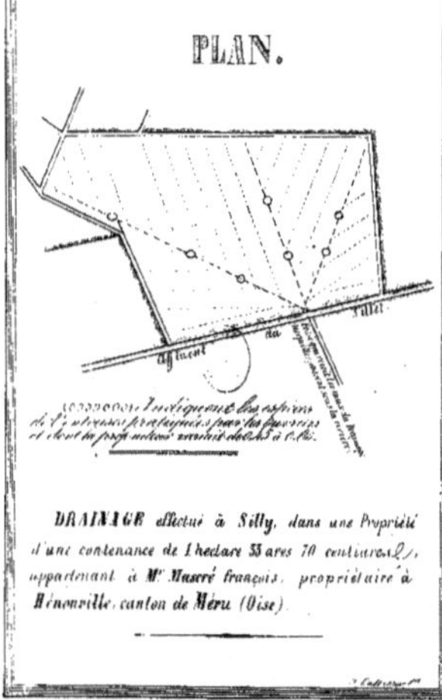

PLAN.
affluent
Indiquent les aspirans
DRAINAGE effectué à Silly, dans une Propriété
d'une contenance de 1 hectare 53 ares 70 centiares,
appartenant à M. Mascré françois, propriétaire à
Hénonville, canton de Méru (Oise).

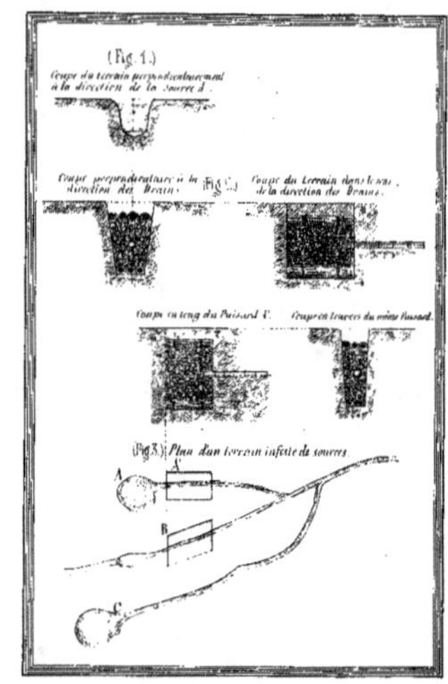

(Fig. 1.)
Coupe du terrain perpendiculairement
à la direction de la source d.
Coupe perpendiculaire à la
direction des Drains.
Fig. 2.
Coupe du terrain dans le sens
de la direction des Drains.
Coupe en long du Puisard V.
Coupe en travers du même Puisard.
(Fig. 3.) Plan d'un terrain infecté de sources.
A
B
C

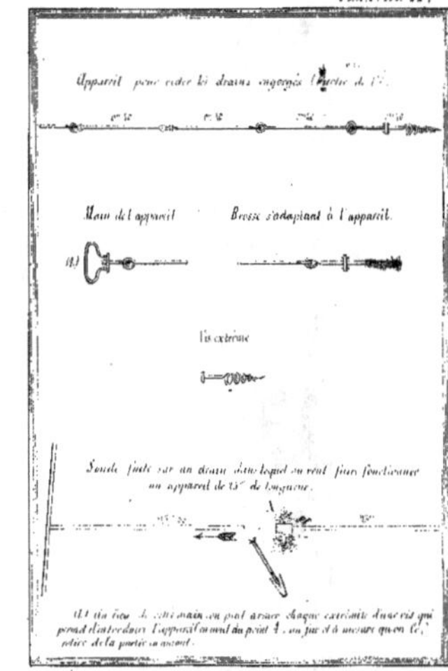

Appareil pour vider les drains engorgés.
Manche de l'appareil
Brosse s'adaptant à l'appareil.
Vis extrême.
Sonde faite sur un drain dans lequel on veut faire fonctionner
un appareil de 15m. de longueur.